校企合作开发影视制作系列教材

影视后期制作

主　编　韩　菁

副主编　徐健民　杨炉兵　叶维娜

王恩东　孔庆康　池　建

ZHEJIANG UNIVERSITY PRESS
浙江大学出版社
·杭州·

图书在版编目（CIP）数据

影视后期制作 / 韩菁主编. — 杭州 ：浙江大学出版社，2022.5
ISBN 978-7-308-22132-0

Ⅰ．①影… Ⅱ．①韩… Ⅲ．①视频编辑软件－教材 Ⅳ．①TN94

中国版本图书馆CIP数据核字（2021）第263070号

影视后期制作

YINGSHI HOUQI ZHIZUO

韩　菁　主编

责任编辑	李　晨	
责任校对	杨　茜	
封面设计	周　灵	
出版发行	浙江大学出版社	
	（杭州市天目山路148号　　邮政编码　310007）	
	（网址：http://www.zjupress.com）	
排　　版	杭州林智广告有限公司	
印　　刷	杭州高腾印务有限公司	
开　　本	787mm×1092mm　1/16	
印　　张	18	
字　　数	341千	
版 印 次	2022年5月第1版　2022年5月第1次印刷	
书　　号	ISBN 978-7-308-22132-0	
定　　价	58.00元	

前言

本教材是校企合作开发的新形态教材，是基于影视后期制作过程的实践技能教材，是学习影视设计、制作的基础教材。本教材根据影视动画专业人才培养模式，构建以"影视后期、影视拍摄、影视剪辑、三维动画"为核心的专业教学体系，并按照影视动画师—影视包装师—设计总监的岗位发展轨迹进行教材开发和建设，建立"递进式"的影视人才技能培养体系，为培养适应企业工作第一线需要的，德、智、体、美、劳全面发展的，具有较强可持续发展能力的影视技术技能人才奠定了基础。

本教材主要以目前应用最为广泛的 After Effects 为学习对象，从艺术和技术结合的角度讲解了现代数字动画影视后期处理和数字特效合成的技术原理及艺术效果制作。教材在内容上分为两个部分，跨越理论知识和实战案例讲解。第一部分为理论知识（第一章—第六章），从影视后期特效发展史、影视技术概述入手，到软件的基础知识和操作，循序渐进地对影视后期知识和软件的功能进行介绍。第二部分为实战案例（第七章），通过精彩的校企实战案例讲解，让读者更有针对性地学习影视后期特效制作。

本教材根据岗位职业技能要求，对接 1+X 职业技能证书标准，紧跟行业发展趋势，以项目化案例形式设计教学全过程。本教材配套资源丰富，包含了理论讲解视频、案例教学视频等数字资源，链接智慧职教、超星和立方书三大平台，配套手机端、PC 端平台应用，使教材、课堂和教学资源有机融合，做到随时随地学习、交流和移动互联，实现线上线下混合教学。本教材以培养思想意识为灵魂，以培养实践能力、创新精神为根本，将思政教育与专业知识有机结合，在教学、创作中融入思政元素，以社会主义核心价值观为切入点，在传授专业知识的同时，培养学习者的人文精神、工匠精神、劳动精神和协作精神，内化其爱党、爱国的情怀，加深其对中华民族历史和文化的了解，增强文化自信，树立正确的影视人生观、价值观。

本教材由浙江工商职业技术学院韩菁主编，浙江工商职业技术学院徐健民、杨炉兵、叶维娜、王恩东、孔庆康及宁波市智绘影视传媒有限公司总经理池建担任副主编。

由于编者水平有限，书中难免存在疏漏及不足之处，敬请广大同行、专家和读者指正，提出宝贵意见。

编者

2022 年 5 月

目 录

目录

第一章

影视技术概述

CHAPTER 1

第一节 ▶ **影视后期的基本概念**

从好莱坞大片所创造的幻想世界，到电视新闻所关注的生活实事，再到铺天盖地的电视广告，影视后期无一不深刻地影响着我们的生活。影视制作的应用正从专业影视制作扩大到电脑游戏、多媒体、网络、家庭娱乐等更为广阔的领域。许多从事这些行业的专业人员与大量的影视爱好者，都可以利用自己手中的电脑制作属于自己的影视节目。

那么，到底什么是影视后期呢？

**影视后期特效
发展史**

一、影视后期制作

所谓的影视后期制作：

指利用实际拍摄所用的素材，通过三维动画和合成手段制作特技镜头，然后把镜头剪辑到一起，形成完整的影片，并且为影片制作声音。

我们所说的影视特效：

计算机技术＋传统影视＝想象中的各种形象和动画

影视特效制作一般分为两个部分：后期制作和特效制作。后期制作又分两种：线性编辑系统和非线性编辑系统（见图 1-1）。

影视后期的基本概念、工作流程

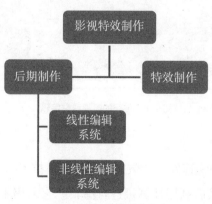

图 1-1　影视特效制作分类

（一）线性编辑

传统的磁带和电影胶片的编辑方式是由录像机通过机械运动使用磁头将24帧/秒的视频信号顺序记录在磁带上，在编辑时必须顺序寻找所需的视频画面。

（1）传统的电影剪辑是真正的剪接。首先，拍摄得到的底片需经过冲洗，然后，用这些胶片制作一套工作样片，之后才能利用这套样片进行剪辑。剪辑师从大量的样片中挑选需要的镜头和胶片，用剪刀将胶片剪开，再用胶条或胶水把它们粘在一起，然后在剪辑台上观看效果。这个剪开、粘上的过程要不断地重复，直至最终得到满意的效果。这个过程虽然看起来很原始，但这种剪接却是真正的非线性的。剪辑师不必从头到尾按顺序工作，因为他可以随时将样片从中间剪开，插入一个镜头，或者剪掉一些画面，都不会影响整部片子。但这种方式对于很多技巧的制作是无能为力的。剪接师无法在两个镜头之间制作一个叠画，也无法调整画面的色彩，所有的技巧只能在洗印过程中完成，同时剪刀加糨糊式的手工操作效率也很低。

（2）传统的电视编辑则是在编辑机上进行的。编辑机通常由一台放像机和一台录像机组成。剪辑师通过放像机选择一段合适的素材，然后把它记录到录像机中的磁带上，然后再寻找下一个镜头。此外，高级的编辑机还有很强的特技功能，可以制作各种叠画和划像，可以调整画面颜色，也可以制作字幕等。但是由于磁带记录画面是顺序的，你无法在已有的画面之间插入一个镜头，也无法删除一个镜头，除非你把这之后的画面全部重新录制一遍，所以这种编辑叫作线性编辑（见图1-2）。

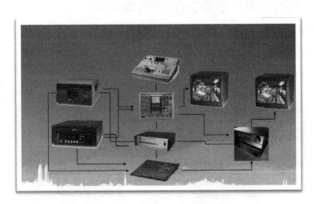

图1-2 传统的电视线性编辑

（二）非线性编辑

现代，由于计算机的快速发展，数字非线性编辑技术得到大力发展。这种技术将素材记录到计算机中，然后利用计算机进行剪辑。它采用了电影剪辑的非线性模式，但用简单的鼠标和键盘操作代替了剪刀加糨糊式的手工操作，剪辑结果可以马上回放，所以大大提高了效率。它不但可以提供各种剪辑机所有的特技功能，还可以通过软件和硬件的扩展，提供编辑机无能为力的复杂特技效果。

数字非线性剪辑综合了传统电影和电视编辑的优点，是影视剪辑技术的重大进步。从 20 世纪 80 年代开始，数字非线性编辑在国外的电影制作中逐步取代了传统剪辑方式，成为电影剪辑的标准方法。而在我国，利用数字非线性编辑进行电影剪辑还是最近几年的事，但发展十分迅速。目前大多数导演都已经认识到其优越性。

数字非线性编辑是借助计算机来进行数字化制作的，几乎所有的工作都在计算机里完成，不再需要那么多的外部设备，对素材的调用也是瞬间实现，不用再反反复复地在磁带上寻找，突破了单一的时间顺序编辑限制，可以按各种顺序排列，具有快捷简便、随机的特性（见图 1-3）。

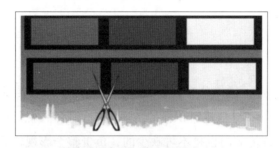
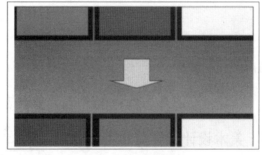

图 1-3　数字非线性编辑

二、影视制作流程

影视制作可分为前期和后期制作两大部分。前期工作主要包括策划、拍摄、三维动画创制等工序；前期工作结束后，我们得到大量的素材和半成品，将这些素材和半成品通过艺术手段有机结合起来，就是后期制作的工作。

影视制作流程主要分为 4 个阶段：策划阶段、前期筹备阶段、中期制作阶段、后期合成阶段（见图 1-4）。

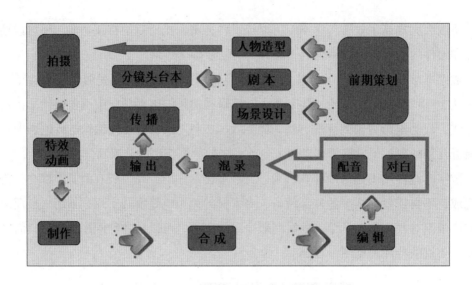

图 1-4　影视制作流程

（一）策划阶段

策划由制片人负责，具体分为策划人、执行制片人和宣传部门。策划人的职责就是与编剧、美术设计和导演进行积极的沟通；执行制片人就是把控整个影视作品的定位、制作与发行；宣传部门也是不可缺少的，负责整个影视作品的对外宣传（见图1–5）。

由制片人负责。

策划人、执行制片人、宣传部门

编剧、美术设计、导演　　对外宣传

定位、制作、发行

图 1-5　策划阶段

（二）前期筹备阶段

（1）研究文学剧本；

（2）撰写导演阐述；

（3）完成文字和画面分镜头台本；

（4）完成人物造型和背景风格设计；

（5）先期音乐和对白录音。

影视制作流程

（三）中期制作阶段

（1）导演向摄制组讲解分镜头；

（2）角色设计；

（3）场景与道具制作；

（4）灯光；

（5）动画制作；

（6）中期拍摄；

（7）特效制作。

（四）后期合成阶段

（1）合成；

（2）编辑；

（3）配音；

（4）后期录音。

三、影视后期特效的发展史

影视后期特效的发展历史可追溯至 20 世纪 70 年代，它和计算机图形图像技术的诞生及发展完全同步，影视后期特效是影视行业的一次大革命。

它的发展可分为初步形成时期、发展时期和繁荣时期。

初步形成时期为 20 世纪 50—60 年代，美国麻省理工学院的"旋风小组"于 1949 年进行了在显示器上描绘图形的试验，并于 1951 年在 *See It Now* 节目上用此方法显示了主持人的名字，这是早期的计算机设计者与电视节目的第一次合作，是电脑特效的起源。

发展时期是从 20 世纪 70 年代中期开始的，随着计算机性能的提高，负责输入和输出素材的硬件也在升级，一些图形设计软件也相继产生。

繁荣时期是从 20 世纪 80 年代起的，大量的二维、三维软件进入实用领域，飞檐走壁、穿梭时空等特效轻而易举便可以完成。

20 世纪 90 年代，数字特效在影视制作产业中的应用开始大行其道，给观众带来丰富的视觉奇观的同时，也一次次刷新了新技术在影视制作产业中的应用方式与艺术效果。这个时期，也是中国开始发展数字特效，是计算机图形设计进入网络的时代。

1997 年上映的《泰坦尼克号》（见图 1–6）是美国二十世纪福克斯电影公司、派拉蒙影业公司出品，由詹姆斯·卡梅隆执导，莱昂纳多·迪卡普里奥、凯特·温斯莱特领衔主演，花费了将近 2 亿美元。众所周知，在电影的画面中有着宏大的场景，但在拍摄过程中，其实并没有汪洋大海，也没有巍峨冰山，影片所展现出来的震撼画面，都是通过后期做出来的。

图1-6　电影《泰坦尼克号》

2009年上映的《阿凡达》（见图1-7），是卡梅隆导演的另一新作。电影《阿凡达》无论是技术还是创意都是史无前例的，不仅开创了立体电影的新时代，而且也带来了动画电影的变革。在拍摄方面运用了实景3D摄影系统、虚拟摄影系统、协同工作摄影系统、表情捕捉技术等，在后期处理的过程中也应用到了基于CUDA架构的渲染技术。

图1-7　电影《阿凡达》

2011 年上映的《少年派的奇幻漂流》（见图 1-8）是华人导演李安的一部力作。这场在观众眼前 127 分钟的奇幻冒险，对李安和整个创作团队而言，则是一场历时 4 年的漫长旅程。马来西亚的数字工作室 Rhythm & Hues（简称 R&H）负责完成了影片的主要视觉效果：包括一只栩栩如生的孟加拉虎、一只鬣狗、一只猩猩、一匹斑马，以及一望无垠的大海。这些全是在一个小小的工作室里通过电脑完成的。时而风平浪静时而波涛汹涌的太平洋，则是台中市一个废弃机场里搭建起的一个水槽而已。

图 1-8　电影《少年派的奇幻漂流》

2019 年上映的《流浪地球》，由郭帆执导。科幻电影的制作对影视工业化程度的要求最高，它可以检验一个国家电影工业化的程度。而《流浪地球》的出现，终于打破了中国在这块领域的空白。参加制作本片的公司都是我国大型的特效制作公司，相对于好莱坞非常成熟的制作流程，国内公司是第一次进行科幻主题的制作。虽然是一场大的冒险，但无疑这是一部成功的科幻片。2019 年 3 月，《流浪地球》的票房收入超过了 45 亿元人民币，在全球超过了 6.6 亿美元，是 2019 年全球第一部超过 5 亿美元的电影，此片也为中国影视后期特效的发展奠定了坚实的基础。

第二节 ◉ 影视后期的基础知识

一、视频画面编排设计

首先,在对视频画面进行设计制作前,我们应该先理清两个问题:"想要表现什么?""该怎样表现?"在做一个设计作品之前,思维的第一步不是思考需要表达什么,而是思考用什么样的形式去表达。

影视片头的设计流程:(1)前期策划与风格定位;(2)音乐编辑与定稿;(3)设计动画分镜头;(4)进行片头的制作;(5)合成输出成片。

(一)画面构图的形式

画面构图的形式有对称式构图、引导线构图、框架式构图、S形构图、九宫格构图等。

1.对称式构图

对称式构图是一种利用景物的对称关系构建画面的构图方法。采用对称式构图拍摄的照片,往往具有平衡、稳定的视觉效果。而在使用对称式构图时,拍摄者既可以拍摄那些本身即具有对称结构的景物,还可以借助玻璃、水面等物体的反光、倒影来实现对称效果,如图1-9所示。

(a)

（b）

图1-9　对称式构图

很多建筑和道路都适合用对称式构图来表达。有倒影的图片也十分适用对称构图法。图1-9（b）中的这张照片同时使用了三分构图法和对称构图法。将树放在画面的右侧1/3处，湖中的倒影则形成了上下对称。在很多场景中都可以同时运用多种构图方法。

2. 引导线构图

在很多场景中，都可以运用到引导线，即利用场景线条引导观众的视线，将画面的主体和背景元素串联起来，从而引导视线并产生照片的视觉焦点。

（1）道路：街道上一条条马路是最常见的引导线，在画面中路面两侧的边界可以很好地引导观众的视线，道路的延伸感将视线由画面周边逐渐向中心引导，这同样也是单点透视的直观运用。

如图1-10所示，引导线不一定必须是直的。事实上，曲线是非常吸引人的构图特征。在这种情况下，弯曲的道路将观众视线引导至右侧的树木。同样，树木的位置依旧采用了三分构图法，也就是该照片同时使用了两种构图方法。

图1-10　道路

（2）建筑：有很多建筑的外围可以看成为引导线，建筑本身所带来的线条感也可以是引导线，高层建筑使用仰拍，视觉冲击力会更强。建筑排列形成的空间平面、接地的边界与顶部，都可以视作是引导线的一种。一些排列整齐紧凑的建筑，它的引导线会更加明显，给观众的视觉感受是稳重规整的，又不会过于死板。

在图1-11中，以地砖上的图案作为引导线。地面上的线条把观众的视线带到了远处的埃菲尔铁塔。同样，这张照片也运用了对称式构图法，因为周围的场景是对称的，可以形成不错的形式美感。

图1-11　建筑

（3）桥：桥本身就可以是主体，也可以是引导线，利用三分构图法，以桥为主体进行取景。主体本身的线条可以很好地将观众的视线引向远处，给予观众遐想的空间（见图1-12）。

图1-12　桥

（4）走廊：走廊也可以作为引导线，因为它有结构，就像隧道，可以给人带来纵深感。一些建筑的走廊设计很是独特，加上环境光源布置，形成明暗交错，让画面更显得有艺术感、戏剧感。要注意的是，这个在狭长又有限的场景空间里，我们更要控制好画面元素，以免破坏了空间的构筑。

（5）树木：道路或河岸两旁整齐葱郁的树木也是一个不错的引导线。一排排树木可以很好地将观众视线引向远方，树木本身也是画面中好看的内容。

3. 框架式构图

框架式构图又称框景构图，是指利用画面中景物的框架结构来包裹主体的构图方法。框景构图具有很强的视觉引导效果，利用这一点可以将所要重点表现的景物突出呈现在画面之中。在使用框景构图时，拍摄者可以采用门、窗等具有明显框架结构的景物作为前景，然后将被摄主体放置于前景所构成的框架内。同时，还可以尝试采用不同形状的前景框架，使所拍摄出来的照片具有一种别样的形式美。

框架式构图是使一个场景有纵深感的另一个方法。框可以是窗户、拱门或悬垂的树枝，而且这个"框"不一定非要环绕整个场景（见图 1-13、图 1-14）。

图 1-13　框架式构图 1

图 1-14　框架式构图 2

图 1-13 的这张照片拍摄于威尼斯的圣马克广场，利用拱门作为框架来拍摄圣马克教堂广场尽头的钟楼。通过拱门观赏风景是文艺复兴时期绘画的一个特点。

框架不一定是人造建筑，比如拱门或窗户，也可以是其他事物。图 1-14 中的照片是在爱尔兰拍摄的。这张照片利用一棵向左生长的树干和树枝，形成了一个半框，创造了一个包含桥和船屋的框架。虽然没有完全将桥和船屋"框"进去，但它仍然增加了深度感。框架式构图可以培养你利用周围环境进行构图的好习惯。

图1-15　S形构图

4.S形构图

S形构图也称曲线构图。曲线构图是一种利用画面中的曲线元素构建画面的构图方法。曲线一直以来都是所用线条中最具美感的，所以曲线构图所呈现出的画面效果相比于其他构图形式也更加优美。同时，曲线构图的运用，还能够将画面中杂乱无章的景物连接起来，从而形成和谐统一的整体。在风光摄影中，曲线构图适合于表现峡谷、河流、山峦、林间小道等景物的婉转、悠扬（见图1-15）。而在人像摄影中，通过使用S形曲线构图，则可展现出女性婀娜多姿的迷人身材。

图1-16　九宫格构图1

5.九宫格构图

九宫格构图也叫井字形构图。这种构图方法就是将被摄主体安排在画面横竖三等分后所形成的黄金分割点上。作为黄金分割法的简化，使用这种构图方法，能够让拍摄者更为迅速地将所要突出的主体放置在画面中最引人注目的地方，并且还可使整个画面看起来更加符合人们的审美习惯。该构图的思路是把场景的重要元素沿着其中一条或多条线放置，或者是放置在线的相交点附近。

图1-17　九宫格构图2

图1-16将地平线放在画面的下1/3处，右侧较大的树，也是画面的主体则放在右侧1/3处。如果你将主体——这棵较大的树放在画面的正中间，就完全不会是这种效果了。图1-17将地平线放在画面上方的1/3处，绝大部分建筑则安排在中间，广场占据画面的下1/3，突出的尖顶建筑则放在右上角的交点附近。

6. 对角线构图

对角线构图就是将被摄体沿画面对角线方向进行放置的构图方法。由于对角线构图所形成的对角关系，可以产生出极强的动感，同时也极具纵深效果。因此，采用对角线构图进行拍摄，有助于强化画面的视觉张力，从而为整个画面带来更多的生机和活力，如图1-18所示。

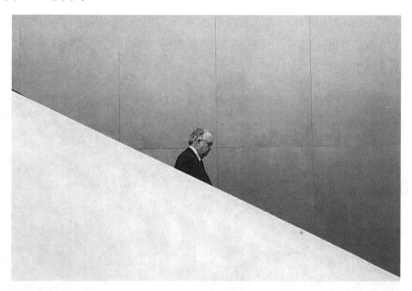

图1-18　对角线构图

7. 汇聚线构图

汇聚线构图由于受到透视规律的影响，通常画面中纵深方向的线条最终都会汇聚到一点。而利用这种线条汇聚现象进行构图的方法，就是汇聚线构图。拍摄者利用汇聚线构图所产生的线条汇聚效果，可以有效地引导观众的视线，同时还能进一步加深画面的空间感。在使用这种构图方法时，除了寻找场景中本就存在的汇聚线条以外，拍摄

图1-19　汇聚线构图

者还可以利用广角镜头所具有的透视夸张的特性，夸大景物之间的透视关系，从而使得线条汇聚效果在画面中更加鲜明，如图1-19所示。

8. 垂直线构图

垂直线构图，就是利用画面中垂直于上下画框的直线线条元素构建画面的构图方法。垂直线构图一般具有高耸、挺拔、庄严、有力等特点。在平日生活中经常能见到的树木、柱子、栏杆等，都是可以利用的垂直线构图元素。在使用这种构图方法时，为了强化构图效果，拍摄者还可以尽量尝试选择一些重复的垂直线元素呈现在画面当中。一般在拍摄建筑、自然风光等题材的照片时会较多地采用垂直线构图，如图1-20 所示。而在拍摄人像时，选择垂直线条作为背景，则能够对人物的身体形态起到很强的修饰作用。

图 1-20　垂直线构图

9. 水平线构图

　　所谓水平线，实际上就是人们所看到的陆地与天空相接的那条直线。水平线构图通常具有安宁、稳定等特点，可以用来展现宏大、广阔的场景，如图 1-21 所示。

图 1-21　水平线构图

10. 倒三角形构图

倒三角形构图是三角形构图的一种特殊形态。与正三角形构图的稳定感截然相反，采用倒三角形构图拍摄的画面，往往具有一种不稳定感。在使用倒三角形构图时，拍摄者要故意打破景物间的平衡、对称关系，从而令画面显得更加活泼，如图1-22 所示。

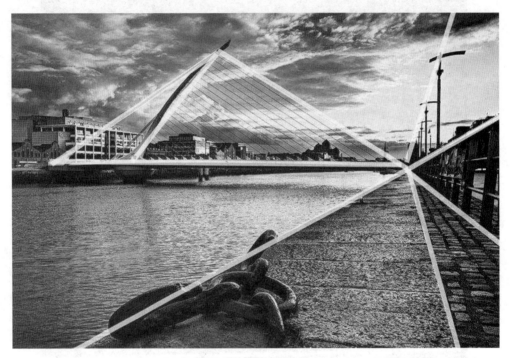

图 1-22 倒三角形构图

（二）画面构图的法则

1. 和谐

元素之间是一种整体协调的关系。判断部分与部分元素之间的相互关系时，给人的感受是不乏味单调或杂乱无章。

2. 对比和统一

把反差甚大的两个视觉要素成功地配列于一起，使人感受到鲜明强烈的感触而仍具有统一感的现象称为对比。

3. 对称

对称的形态在视觉上有自然、安定、均匀、协调、整齐、典雅、庄重、完美的朴素感，符合人们的视觉习惯。

4. 均衡

通常以视觉中心（视觉冲击最强的地方的中点）为支点，各构成要素以此支点保持视觉意义上的力度平衡。

5. 比例

比例是部分与部分或部分与全体之间的数量关系。美的比例是视觉构图中一切视觉单位的大小，以及各单位间编排组合的重要因素。

6. 视觉重心

人的视觉接触画面，视线常常迅速由左上角到左下角，再通过中心部分至右上角经右下角，然后回到以画面最吸引视线的中心视圈停留下来，这个中心点就是视觉的重心。但画面轮廓的变化、图形的聚散、色彩或明暗的分布等都可对视觉重心产生影响。

7. 节奏与韵律

以同一要素连续重复时所产生的运动感，称为"节奏"；视觉构成中，单纯的单元组合重复易于单调，有规则变化的形象或色群间以数比、等比处理排列，使之产生音乐、诗歌的旋律感，称为韵律。有节奏与韵律的视觉构成，具有积极的生气，有加强魅力的能量。

8. 联想与意境

视觉构图的画面通过视觉传达而产生联想，达到某种意境，它可由一种事物联想到另一种事物。各种视觉形象及其要素都会产生不同的联想与意境，由此而产生的一种图形的象征意义正在被广泛运用。

随着科技文化的发展，对美的视觉画面构图的认识将不断深化，画面的构图法则不是僵死的教条，要学会灵活体会，灵活运用。

二、非编软件、影视后期软件

（一）Boujou

Boujou 是一款摄像机跟踪软件，是电影特效的幕后英雄。

Boujou 首创了先进的自动化追踪功能，与其他同等级的摄影追踪软件不一样的地方是，Boujou 是以自动追踪功能为基础，独家的追踪引擎可以依照个人想要追踪的重点进行编辑设计，通过简单易用的辅助工具，可以利用任何种类的素材，快速且自动化地完成专案。

（二）MatchMover

Autodesk MatchMover 是一款专业级的跟踪软件，采用实拍画面中像素的细微差别进行跟踪，并在三维软件中重建场景，减少实拍与三维结合的工作量，避免了以前在拍摄时设置鲜明跟踪点的麻烦，提高了工作效率。它为 Maya、Max、Smok、Inferno、Flame 等三维软件和后期合成软件提供了接口，它在 Maya 软件中发挥得更是淋漓尽致。

（三）SynthEyes

SynthEyes（镜头跟踪 / 运动匹配 / 摄像机轨迹反求）提供了一个完整的高端功能集，包括跟踪、设置重建、稳定和动作捕捉。

（四）RealFlow

RealFlow 是由西班牙 Next Limit 公司出品的流体动力学模拟软件。它是一款独立的模拟软件，可以计算真实世界中运动物体的运动，包括液体。RealFlow 提供给艺术家们一系列精心设计的工具，如流体模拟（液体和气体），网格生成器，带有约束的刚体动力学、弹性、控制流体行为的工作平台，波动和浮力（以前在 RealWave 中具有浮力功能）。你可以将几何体或场景导入 RealFlow 来设置流体模拟。在模拟和调节完成后，将粒子或网格物体从 RealFlow 导出到其他主流 3D 软件中进行照明和渲染（见图 1-23）。

图 1-23　RealFlow 的浮力功能

RealFlow 专用于水面波浪的模拟，如海面、落入物体后水面泛起的涟漪、行驶在水中的船（包括波浪泛起的粒子水花和产生的水面拖尾）。它能够完成的项目包括：物体落入水面后激起波浪，并且随水面上下波动，还能产生溅起的水花（见图 1-24）；粒子落在水面上泛起的涟漪；在水面上快速运动的物体产生尾迹、水花和波浪，常用于船只的航行模拟（见图 1-25）；表现动态、自然波动的水面，如湖泊、水池、海洋等，还能产生海水拍岸溅起海浪水花的效果。

图 1-24　RealFlow 的水面波浪模拟

图 1-25　RealFlow 的航行模拟

RealFlow 是一种建立在流体动态计算技术上的物理粒子系统。它作为 Windows NT/2000/XP/Vista 及其他操作系统下独立运行的程序，应用了直观实时的 OpenGL 显示技术，可以很好地与 3D 软件相连接，如 Maya、3dmax、Lightwave、Cinema 4D、Houdini、Softimage。

（五）Mental Ray 和 RenderMan

国内的后期公司大多数用 Mental Ray，用 RenderMan 的很少，而国外用 RenderMan 较多。这两个渲染器入门的难度相当，RenderMan 有针对 Maya 的版本，用起来跟 Maya 里的 Mental Ray 一样方便。不过 RenderMan 中文教程资料极少，会的人少，交流不方便，所以还是学 Mental Ray 要容易得多。至于深入学渲染器，如着色语言，RenderMan 的 RSL 比 Mental Ray 的着色语言容易得多。速度上来说，Mental Ray 渲染光线追踪一类的东西速度快、质量好；RenderMan 渲染置换、运动模糊、毛发、景深这些速度很快。

（六）影视后期技术所需软件

后期合成软件包括 After Effects、Combution、Digital Fusion、Shake 等，非线性编辑软件有 Premiere、大洋、索贝等。AE 和 Premiere 是后期中最为常用的软件。

After Effects 是 Adobe 公司推出的一款图形视频处理软件，用于 2D 和 3D 合成、动画和视觉效果处理，在全世界范围内已经被广泛应用，适用于从事设计和视频特效的机构及个人，包括电视台、动画制作公司和多媒体工作室。

在众多的影视后期软件中，After Effects 独具特性，它可以帮助用户高效、精确地创建各种引人注目的动态图形和视觉效果，并利用与其他 Adobe 软件的紧密集成、高度灵活的 2D 和 3D 合成，以及数百种预设的效果和动画，可为视频和 Flash 作品增添新奇的效果。

三、影视基础知识

影视后期常见概念有电视的播放制式、关于"帧"的知识、场（field）、图像通道（image channel）、图像与视频的压缩（compression）。

（一）电视的播放制式

1. NTSC 制式

美国、加拿大等大部分北美国家，以及日本、韩国、菲律宾等均采用这种制式。

2. PAL 制式

PAL 制式克服了 NTSC 制相位敏感造成色彩失真的缺点。德国、英国等一些西欧国家，以及新加坡、中国、澳大利亚、新西兰等国家采用这种制式。PAL 制式中根据不同的细节，又可以进一步划分为 G、L、D 等制式。

3. SECAM 制式

SECAM 制式又称塞康制，SECAM 是法文单词的缩写，意为顺序传送彩色信号与存储恢复彩色信号制。它也克服了 NTSC 制式相位失真的缺点，但采用时间分割法来传送两个色差信号。使用 SECAM 制的国家主要有法国，以及东欧和中东一带的国家。

（二）关于"帧"的知识

1. 像素宽高比、帧宽高比

通俗说来，像素宽高比（pixel aspect ratio）是指图像中的一个像素的宽度与高度之比，而帧宽高比（frame aspect ratio）是指图像的一帧的宽度与高度之比，即我们常说的视频画面比，这要区别于像素比。

关于"帧"的知识

目前，我们接触到的显示屏幕最常用的有 3 种。第一种，视频的标清设置：720px × 576px，视频的宽度像素是 720，视频的高度像素是 576，视频的宽高比是 5：4；第二种，视频的高清设置：1920px × 1080px，视频的宽度像素是 1920，视频的高度像素是 1080，视频的宽高比是 4：3；第三种，视频的 4K 高清设置：视频的宽度像素是 3840，视频的高度像素是 2160，视频的宽高比是 16：9。

通常，我们会自己设置视频分辨率，在 After Effects 中新建工程时，在像素长宽比中选择方形像素（square pixels）就可以了，系统会自动计算帧宽高比，如图 1-26、图 1-27、图 1-28 所示。目前我们接触到的显示屏幕几乎都是方形像素，只有在极少数的情况下需要修改像素宽高比。

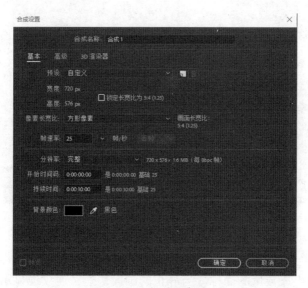

图 1-26　设置视频分辨率 1

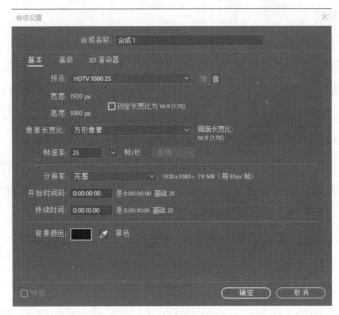

图 1-27　设置视频分辨率 2

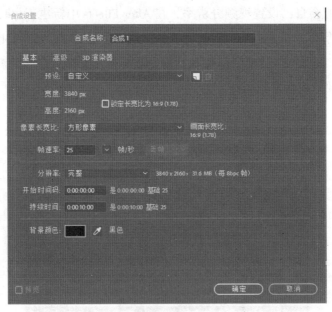

图 1-28　设置视频分辨率 3

2. 帧数、帧速率

"帧数"是帧生成数量的简称。当静止的画面快速、连续地显示时，便形成了运动的假象。这跟以前动画片的形成原理是一样的。比如说，我们看到 1 秒的动态画面，其实它是由 25 张静止的图片组成的，然后快速播放才形成了运动的效果。而帧速率就是设置 1 秒里播放多少个静止画面。帧数越高，1 秒里所包含的画面越多，画面就会越流畅。

3. 帧速率（FPS）

帧速率 = 帧数 / 时间，单位为帧每秒（FPS, frames per second）。

通常来说，动画片是每秒 24 帧，视频是每秒 25 帧。

NTSC 制：29.97FPS（简化为 30 帧）；

PAL 制式：25FPS；

SECAM 制式：25FPS；

电影胶片：24FPS。

（三）场的概念（field）

场序如图 1-29 所示，其中图 1-29（a）为奇场（上场），图 1-29（b）为偶场（下场）。

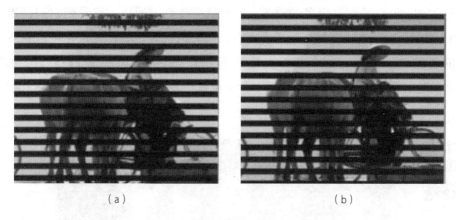

（a）　　　　　　　　　　　　　　（b）

图 1-29　场序

1. 场的概念解读

一般分为隔行扫描和逐行扫描。

电脑（电子）显示器：逐行扫描。

电视机显示器：隔行扫描。

2. 隔行扫描过程

（1）电子束先从左到右、从上到下，扫描所有的单数行，形成一场图像；

（2）电子束回到顶端（左上角）。

（3）电子束再次从左到右、从上到下，扫描所有的双数行，形成另外一场图像。

（4）两次扫描完成，形成一个完整的电视画面，称为一帧。

电视画面每秒包含 25 帧（共 50 场）的图像。

3. 在 AE 中设置（一般渲染生成时，采用奇场优先）

Upper Field First：奇场优先（上场优先）；

Lower Field First：偶场优先（下场优先）。

曾经因为技术限制，在显示器显示画面时会用逐行扫描与隔行扫描来显示画面。通俗来说，隔行扫描会让传输数据的压力小很多，但是画面有时候会有闪烁，呈现条状扭曲。这样的画面效果在多年前的电视机上会出现。有些时候，大家会把解决这个画面条状扭曲问题的方法称为"去场"。对于初学者来说，如果看到选项有逐行扫描或者其他的扫描方式时，一般选择逐行扫描即可。

（四）图像通道（image channel）

AE（After Effects）里的通道和 PS（Photoshop）里的通道是一个原理，都是用来储存颜色信息的，RGB 分别代表红绿蓝色信息，Alpha 是透明信息。

通道是储存颜色信息的渠道，在通道里你可以看见 RGB 三个黑白图像，R 是储存红色的通道，G 是储存绿色的通道，B 是储存蓝色的通道，你看到它们是黑白的（见图 1-30）。因为在 AE 中白色是代表有，而黑色代表没有，你现在可以查看一张图片的通道（要是有红色的就更好查看），仔细查看一张 R 也就是红色通道，如果白色越多的地方那么这个地方红色就越多，灰色就代表有一点，全黑的地方就代表没有红色。

图像通道图片

图 1-30　图像通道

（五）图像与视频的压缩（compression）

1. 图像压缩的概念

压缩是制作数字电影的一个重要概念。视频和音频在数字化过程中都可以通过电脑进行压缩。声音和画面压缩后，可以更高效地得到 CPU 的处理并减少视频及音频文件占用的硬盘空间。压缩也是视频在网络上传播的关键，文件的大小必须被压缩至带宽允许的程度，文件才可以被下载。

2. 图像压缩的目的

在尽可能保证画面质量的情况下，尽量减少视频所占有的硬盘空间。

3. 图像压缩的类型

图像压缩的类型分无损压缩和有损压缩。

4. 压缩编码的概念

在压缩过程中会使用特殊的编码方式。

（1）常见的压缩编码有图像压缩编码、视频压缩编码和音频压缩编码。

①图像压缩编码有 JPG、PNG、TGA、BMP、TIFF。其中 PNG、TGA 格式都是带通道的，即背景透明的图像压缩格式；而 JPG 格式是有损压缩，由于其格式文件尺寸较小，下载速度快，可以用最少的磁盘空间来得到较好的图像品质，所以是互联网上最广泛使用的格式；TIFF 格式是无损压缩，支持多种色彩图像模式，图像质量高；BMP 格式是 Windows 系统下的标准位图格式，未经过压缩，一般图像文件比较大，包含了丰富的图像信息，几乎无压缩，与 TIFF 格式比较像。

②视频压缩编码有 AVI、MOV、MPEG、WMV。

常用视频文件格式：

·AVI 格式：Audio Video Interleaved 音频视频交错格式。它对视频文件采用了一种有损压缩方式，但压缩比较高，因此尽管面面质量不是太好，但其应用范围仍然非常广泛。

·MOV 格式：苹果公司的 QuickTime 的视频格式。

·MPEG 格式：Moving Picture Expert Group 运动图像专家组格式，国际标准为MPEG1、MPEG2、MPEG4。MPEG4，即 MP4 格式，选择"H.264"编码方式，该视频文件会相对较小，适合网络媒体使用。

·WMV：流的视频格式，网络上应用比较多。

·ASF：流的视频格式，网络上应用比较多。

③音频压缩编码有 APE、WAV、MP3、WMA。

（2）视频码率：视频码率就是数据传输时单位时间内传送的数据位数，单位是Kbps，即"千位每秒"，通俗一点的理解就是取样率。单位时间内取样率越大，精度就越高，处理出来的文件就越接近原始文件。视频文件体积与取样率是成正比的，所以几乎所有的编码格式重视的都是如何用最低的视频码率达到最少的失真。围绕这个核心衍生出了恒定比特率（CBR）与可变比特率（VBR）。如果你觉得导出的视频文件过大，除修改视频编码方式以外，也可以降低视频码率。

（3）可变比特率与恒定比特率：可变比特率（VBR）是在电信和计算机中使用的涉及声音或视频编码中使用的比特率的术语。与恒定比特率（CBR）相反，VBR 文件改变每个时间段的输出数据量。

VBR 是 variable bit rate 的缩写，意思是可变比特率，就是 MP3 文件压制的时候声音元素较多，比率较高时，将自动减低压缩比特率，在比特率需求比较低时自动升高比特率。这样做的目的是在保证音质基本不被损害的情况下增加文件在线播放时的速度，并减少在本机播放时所占的系统资源。

CBR 是 constents bit rate 的缩写，就是静态（恒定）比特率的意思。CBR 是一种固定采样率的压缩方式。优点是压缩快，能被大多数软件和设备支持，缺点是占用空间相对大，效果不十分理想，现已逐步被 VBR 的方式取代。

5. 关键帧（key frame）

任何动画要表现运动或变化，至少前后要给出两个不同的关键状态，而中间状态的变化和衔接电脑可以自动完成，表示关键的帧叫作关键帧（见图 1-31）。

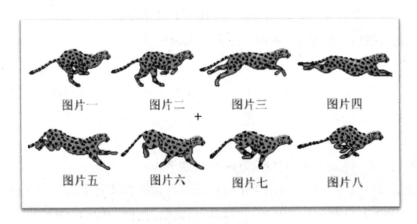

图片一　　图片二　　图片三　　图片四
图片五　　图片六　　图片七　　图片八

图 1-31　关键帧

第二章

After Effects 基础入门

CHAPTER 2

第一节 ⊙ After Effects 的基本设置

一、After Effects 软件概述

Adobe After Effects 简称"AE"，是 Adobe 公司推出的一款图形视频处理软件，适用于从事设计和视频特技的机构，包括电视台、动画制作公司、个人后期制作工作室以及多媒体工作室，属于层类型后期软件。

After Effects 最大的特点是贯穿其软件始终的"层"的概念，同 Adobe 公司旗下的另一款软件 Photoshop 相似。借助层的概念，After Effects 可以对多层的合成图像进行控制，它可以设置图层的样式、图层的父子关系、图层的混合模式及上下关系等，最终制作出各种各样的合成效果。

After Effects
基本设置

二、软件基础设置

打开 After Effects，系统会自动新建一个项目，默认是美国的 NTSC 制式，我国是 PAL 制式。

项目设置：文件（Files）—项目设置（Project Settings），如图 2-1 所示。

Timecode Base（时间码）为 25FPS。

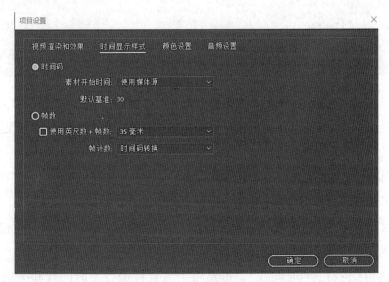

图 2-1　项目设置

注：Timecode Base 决定时间的基准，表示每秒含有的帧数，将它调整为 25FPS，即为每秒 25 帧。帧数是以帧的模式显示，使用英尺数 + 帧数（feet+frames），一般用于胶片格式，一英尺半长的胶片放映时长为 1 秒，通常电影胶片为每秒 24 帧，PAL 制式和 SECAM 制式的视频为每秒 25 帧，NTSC 制式的视频为每秒 29.97 帧。

第二节 ⊙ After Effects 的界面介绍

一、AE 界面

AE 界面如图 2-2 所示。

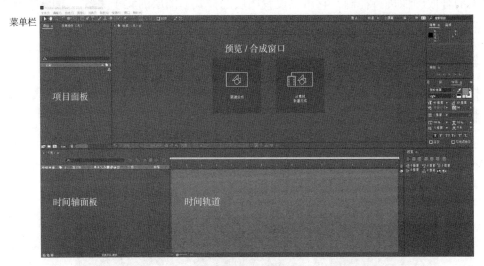

图 2-2　AE 界面

菜单栏：通常用于调整各种工具、面板、工作界面、项目导入导出等设置。

工具栏：包括常用的主要工具。

项目面板：放置合成文件、素材等的地方。

预览 / 合成窗口：显示最终合成效果，或者单独显示图层的预览效果。

时间轴面板：主要用于对素材进行处理的操作面板。时间轴面板其实包括图层区域与时间轨道区域。

时间轨道：也称为"时间线"，主要用于对素材进行与时间线和关键帧有关的操作。

二、菜单栏

文件菜单（F）——File：主要功能是处理文件储存、新建工程、合成、素材导入导出等。

编辑菜单（E）——Edit：以一些常规的操作为主，如撤销、恢复、复制、软件设置等。

合成菜单（C）——Composition：针对合成文件的设置。

图层菜单（L）——Layer：以时间轴面板上的图层设置为主。

特效菜单（T）——Effects：对素材使用的特效集合。

动画菜单（A）——Animation：对关键帧与镜头跟踪处理。

视图菜单（V）——View：在预览窗口中设置部分可见、部分不可见，调整合成界面视图等。

窗口菜单（W）——Window：对一些窗口与工作界面进行设置。

帮助菜单（H）——Help：提供帮助文档。

三、工具栏

选择工具：快捷键是 V 键，选择素材。

抓图工具：在预览窗口中按下快捷键 H 键，移动视图。

放大工具：放大视图工具，一般在合成预览窗口中滚动鼠标滚轮进行放大、缩小。

选择工具：在时间轴面板上选中素材进行旋转。

摄像机视角工具：快捷键是 C 键，对摄像机进行操控观察。按住鼠标左键是旋转摄像机镜头，按住鼠标右键是拉近摄像机镜头，针对的是三维图层。

移动锚点中心：任何图层都有一个锚点中心，当旋转、缩放图层时是以该中心为原点的。

形状工具：新建一些预设的形状，单击不同图标可以进行不同预设形状的切换。

钢笔工具：用来绘制遮罩与各种复杂的图形。

文本工具：用来添加文字。

画笔工具：在预览窗口上绘画的工具。

图章工具：复制需要的图像并应用到其他地方以生成相同的内容。

橡皮擦工具：可以用来擦除图像。

Roto 动态蒙版工具：常用于抠像。

图钉工具：在绑定卡通角色与图像变形等操作中使用。

四、工作界面的布局

在 After Effects 的菜单栏中可以调整界面布局，比如在窗口—工作区（Window—Workspace）下有很多工作面板预设可供选择，如图 2-3 所示。

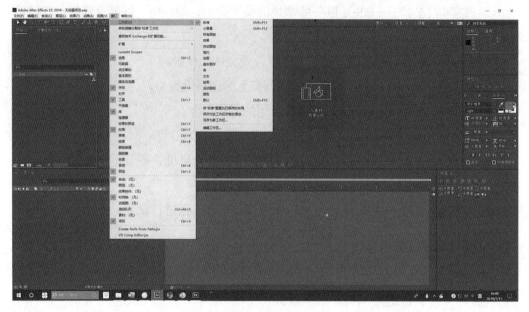

图 2-3 工作界面

在图 2-3 中，你可以看到很多的工作界面模式选项，一般使用标准（Standard），或者所有面板（All Panels）。当你误操作把一些面板关掉，或者拖动到不想要的位置，以致找不到想要的功能面板时，就可以通过窗口—工作区（Windows—Workspace）找到各种所需面板。

第三节 ⓥ After Effects 的基本操作

一、AE 的合成与素材

合成技术是指将多种素材混合成单一复合画面的技术。"抠像"和"叠画"是比较常用的方法和手段。

在 After Effects 中所有素材处理都是以合成开始的，最后结果的输出也是在合成中设定范围、参数，然后导出的。

新建合成有两种方式：第一种，在项目面板中的空白区域单击鼠标右键，然后在弹出的菜单中选择新建合成（New Composition），打开合成设置对话框，如图 2-4 所示；第二种，使用快捷键 Ctrl+N 组合键来新建工程。

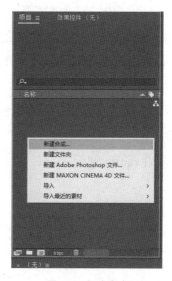

图 2-4　新建合成

二、设置新建合成的参数

在新建合成以后，会弹出合成设置对话框。通过这些设置我们就可以搭建一个进行创作的"画布"了，如图 2-5 所示。

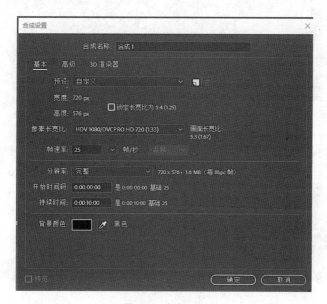

图 2-5　合成设置

合成名称（Composition Name）：对新建合成进行命名。

预设（Preset）：在这个选项中有预设好的分辨率与帧速率。

宽度/高度（Width/Height）：设置合成视频的宽与高。

像素长宽比（Pixel Aspect Ratio）：设置像素的宽高比。

帧速率（Frame Rate）：视频每秒播放帧数，通常设置为每秒25帧、30帧。

分辨率（Resolution）：合成界面的分辨率显示，方便快速预览，毕竟分辨率越大越占用系统资源。

开始时间码（Start Timecode）：默认数值是0，表示视频正常在时间线面板上从0秒开始计算时间。

持续时间（Duration）：新建合成的时间长度。

三、导入素材

导入素材的方法很多，一般可以直接从文件夹里把素材拖动进项目（Project）面板中，或者在项目面板上的空白区域单击鼠标右键，在弹出的快捷菜单中选择素材导入，如图2-6所示。

按照导入（Import）—文件（File）的操作顺序就可以导入各种素材了。在弹出的窗口中找到我们需要的素材并单击导入（Import），如图2-6所示。

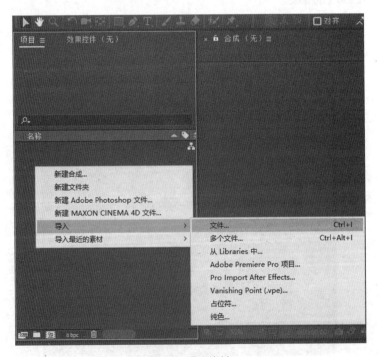

图2-6　导入素材

（一）导入序列图片

序列图片就是一种连续获取的系列图像。序列图片是比较常用的素材之一，尤其是运用三维软件以后，经常会将导出的序列图片重新导入 After Effects 中使用。在导入序列图片时，就需要勾选导入素材界面下的导入 JPEG 序列（Importer JPEG Sequence）选项，素材就会以序列帧视频的形式导入到素材窗口。这里的导入格式会随着序列帧的格式而变化，如图 2-7 所示。

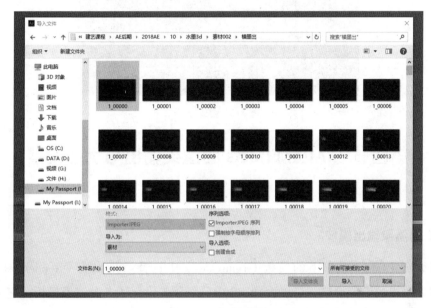

图 2-7　导入序列图片

（二）导入 PSD 与 AI 格式素材

PSD 与 AI 的素材相比，它们的文件中包含了很多图层，所以导入方式会略有些不同。以导入一个 PSD 文件为例，当选择导入 PSD 文件时，After Effects 会自动弹出对话框，在导入种类（Import Kind）下拉菜单中有 3 种模式可供选择。

（1）素材（Footage），它的作用是把 PSD 格式文件作为一个素材导入，包含两种主要方式。一个是用合并图层（Merged Layers），将 PSD 文件中所有的图层合并为一张图片导入素材；另一个是用选择图层（Choose Layers），即可以单独选择 PSD 文件所包含的某一个图层作为素材导入。

（2）合成（Composition）与合成—保持图层大小（Composition-Retain Layer Sizes），这两个选项的作用都是把图层以合成的形式导入，如图 2-8 所示。

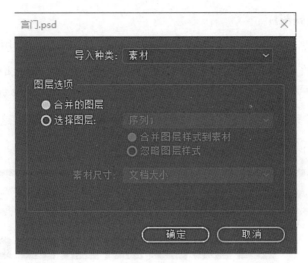

图 2-8　合成导入

第四节 ▶ After Effects 的渲染输出与优化设置

一、AE 的渲染输出模块

到编辑（Edit）菜单下的模板（Templates）中选择渲染设置（Render Settings），打开渲染模板的设置窗口，可以看到 AE 中已经预先设定了 5 个渲染模板，它们分别是最佳设置（Best Settings）、当前设置（Current Settings）、样本设置（Draft Settings）、多功能设置（Multi-Machine Settings），如图 2-9 所示。

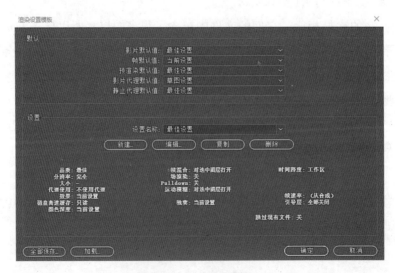

图 2-9　渲染设置模板

单击编辑（Edit），会弹出详细的渲染设置面板，可以用来创建输出模板，如图 2-10 所示。

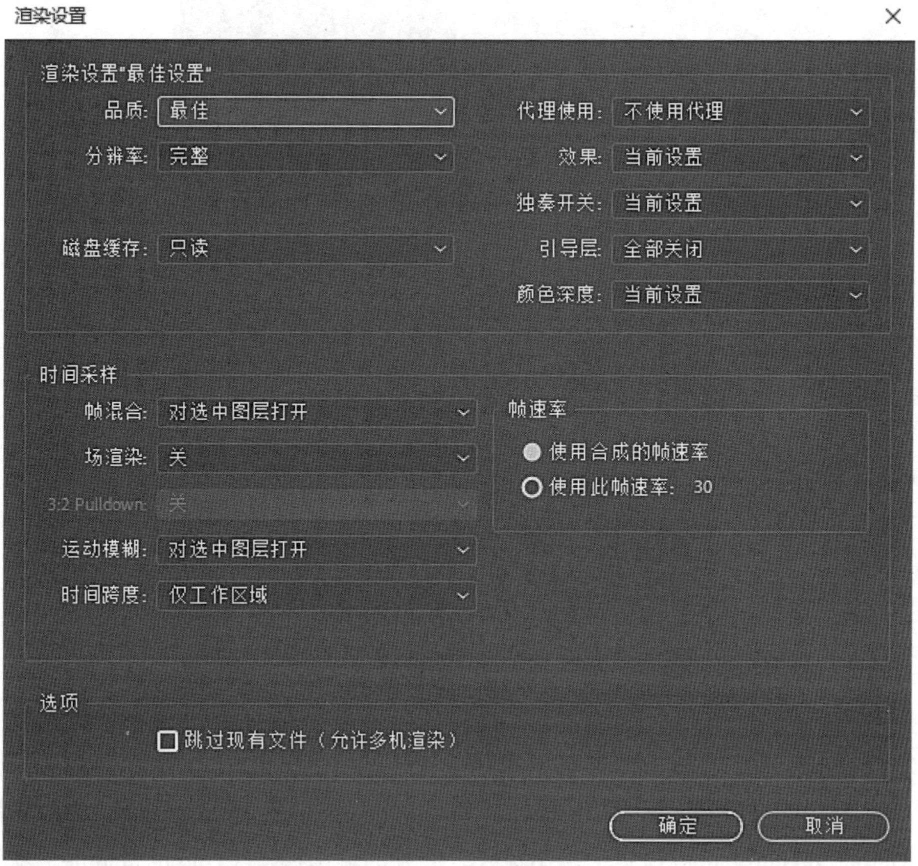

图 2-10　渲染设置

二、AE 的输出流程

1. 设定输出范围

首先，要选择输出范围的开头与结尾。在时间轨道上可拖动时间滑竿来设定输出范围。按键盘上的 B 键可设置输出视频的入点，也就是开始位置；按键盘上的 N 键可设置输出视频的出点，也就是结束位置。

2. 进入输出设置

在设定好范围以后，有两种方式进入输出设置面板。第一种，在菜单栏单击文件（File）—导出（Export）—添加到渲染队列（Add to Render Queue），如图 2-11 所示。第二种导出方式是按键盘上的 Ctrl+M 组合键进入 Render Queue 进行视频渲染设置。

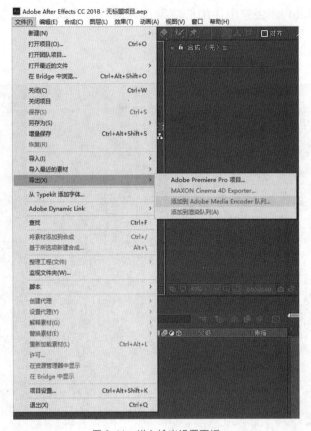

图 2-11　进入输出设置面板

　　最为常用的设置是输出模块（Output Module）与输出到（Output To）。通过输出模块（Output Module）可以自定义输出模式。展开的输出模块（Output Module）默认为无损（Lossless），如图 2-12 所示。

图 2-12　输出模板

　　点击无损（Lossless），AE 会自动弹出输出模块设置（Output Module Settings）窗口，如图 2-13 所示。

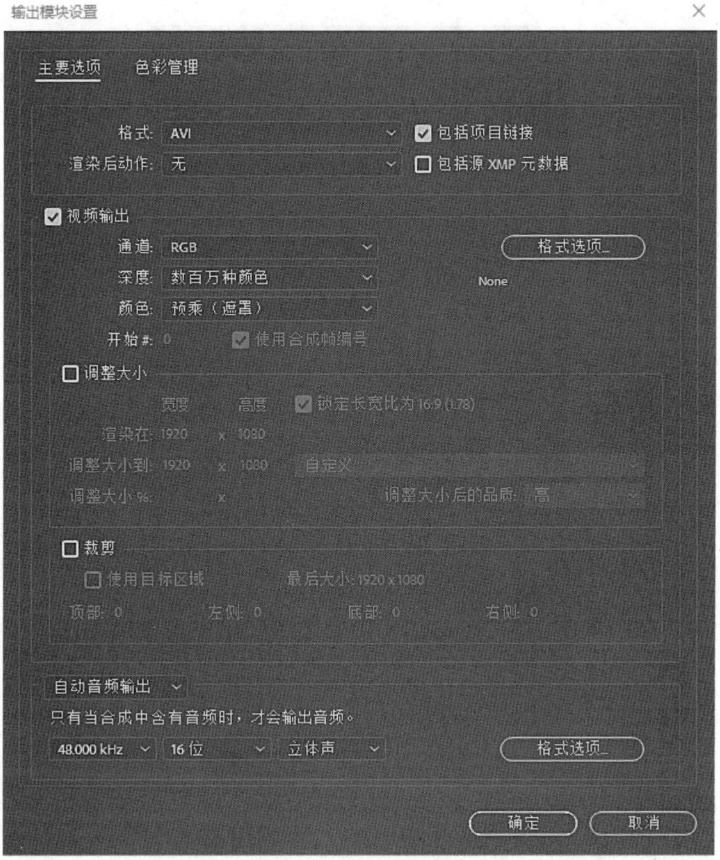

图 2-13　输出模板设置

选择格式（Format），可以进行格式选择，主要使用的是 QuickTime 格式，在选择了 QuickTime 以后，就要设置它的编码模式，如图 2-14 所示。

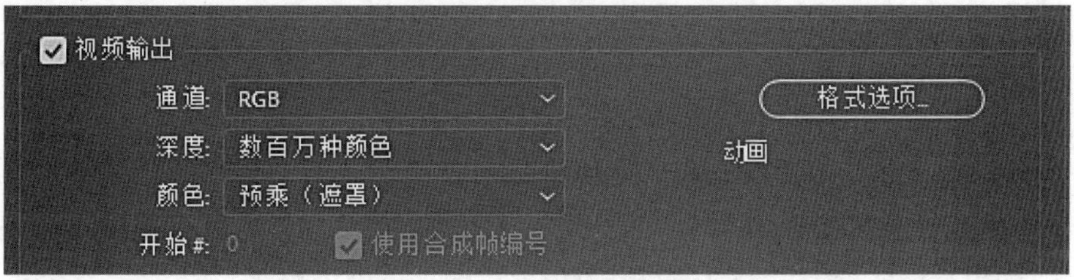

图 2-14　设置编码模式

其中，最常用的是通道（Channel）选项，选择 RGB，即输出不带有透明通道；选择 Alpha，只输出透明通道，不带有颜色；选择 RGB+Alpha，输出既有颜色也保留透明通道。单击格式选项（Format Options），可查看具体的视频编码，如图 2-15 所示。

图 2-15　QuickTime 选项

在视频编码器（Video Codec）可选择适合的视频编码，最为常用的是 H.264 和 PNG（视频需要带透明通道）。基本视频设置（Basic Video Settings）可设置视频的清晰度与质量，数值越大，清晰度与质量也随之提升。

完成了渲染输出设置后，还需要设置渲染输出文件的文件名及保存路径。点击输出到（Output To），就可以进行以上两者的设置，完成后，按下渲染（Render）键就可以进行渲染了。

AE 还可以对影片的单帧进行渲染。到时间线窗口中将时间线指针定位到希望渲染的单帧处，再到合成（Composition）菜单下的帧另存为（Save Frame As）选择文件（File），弹出渲染队列窗口，对参数进行设置后即可渲染单帧。

三、AE 优化设置

有时为了加快动画的制作效率、简化制作流程，可以对 AE 进行优化设置。

1. AE 所有面板设置

窗口（Window）—工作区（Workspace）。

2. 优化首选项参数

（1）编辑（Edit）—首选项（Preferences）—常规（General），如图 2-16 所示。

图 2-16 首选项—常规页面

什么是 AE 的脚本？

AE 的脚本是一种类似 JavaScript 的语言编写的可执行文件，功能是执行一些命令，帮助软件使用者完成一些手动操作很麻烦的事情，比如把图层排列为圆形等。AE 的脚本像是游戏的外挂，主要是为了提高工作效率。

（2）编辑（Edit）—首选项（Preferences）—预览（Previews），如图 2-17 所示。

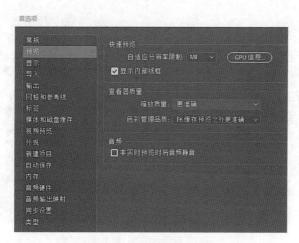

图 2-17 首选项—预览页面

（3）编辑（Edit）—首选项（Preferences）—显示（Display），如图 2-18 所示。

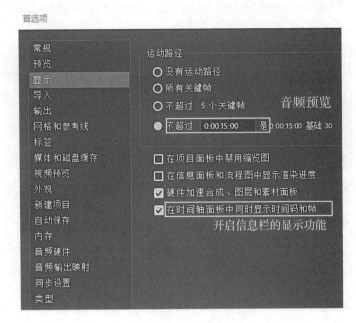

图 2-18　首选项—显示页面

（4）编辑（Edit）—首选项（Preferences）—媒体与磁盘缓存（Media & Disk Cache），可以在内存不足时给予渲染存储设置更多的硬盘空间，如图 2-19 所示。

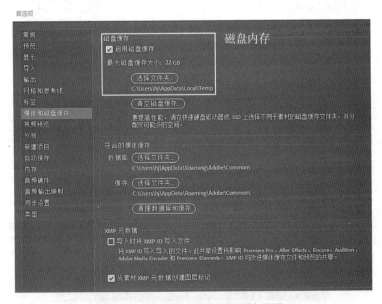

图 2-19　首选项—媒体与磁盘缓存页面

（5）编辑（Edit）—首选项（Preferences）—外观（Appearance），如图 2-20 所示。

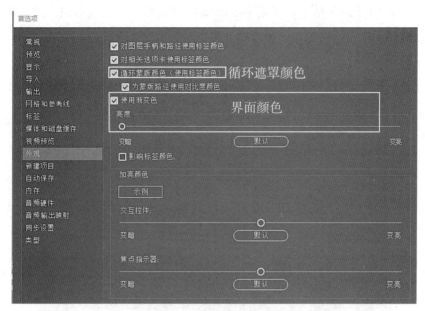

图 2-20　首选项—外观页面

（6）编辑（Edit）—首选项（Preferences）—自动保存（Auto Save），如图 2-21 所示。开启自动保存功能，具体的时间间隔可以自行设置。

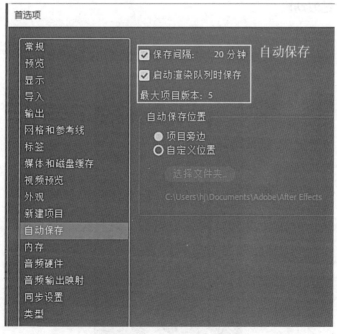

图 2-21　首选项—自动保存页面

（7）编辑（Edit）—首选项（Preferences）—内存（Memory），如图 2-22 所示。

在多核心 CPU 的基础上，开启多线程渲染功能可以大幅度加快渲染速度。除此之外，在内存一栏还可以对用于运行软件的空间大小进行设置。

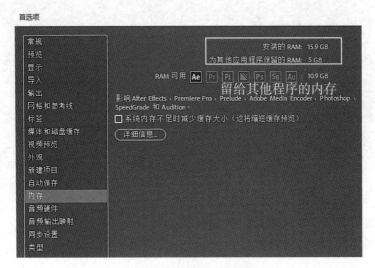

图 2-22　首选项—内存页面

四、案例

（一）图片过渡动画

STEP01

在 Project（项目）面板中双击鼠标左键导入 tpgd-01.jpg 文件，如图 2-23 所示。

案例：图片过渡动画

案例：图片过渡动画素材

图 2-23　导入文件

STEP02

按快捷键 Ctrl+N 创建一个 New Composition（新合成），命名为"图片过渡"，设置合成 Width（宽度）为 1920px（像素），Height（高度）为 1080px（像素），Fame Rate（帧速率）为 25 帧，Duration（持续时间）为 0：00：05：00（5 秒钟），如图 2-24 所示。

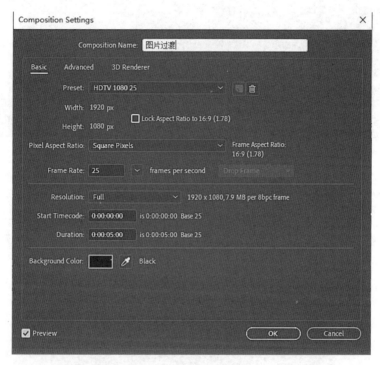

图 2-24　创建"图片过渡"

STEP03

将导入的图片素材拖入 Timeline（时间线）面板，如图 2-25 所示。

图 2-25　图片素材拖入 Timeline 面板

STEP04

选择 tpgd-01.jpg 这一素材层，为其添加卡片擦除特效命令。

Effect—Transition—Card Wipe（滤镜—过渡—卡片擦除）菜单命令添加滤镜特效，预览效果如图 2-26 所示。

图 2-26　效果预览

STEP05

调整 Card Wipe（卡片擦除）滤镜特效，进行关键帧动画设置，实现翻转过渡的图像效果。在 Effect Controls（滤镜控制）面板中调整设置参数，如图 2-27 所示。

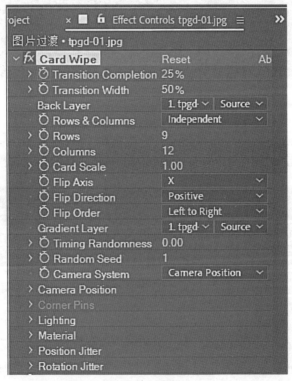

图 2-27　翻转过渡面板

STEP06

在 Timeline（时间线）面板中展开 tpgd-01.jpg 下面的 Card Wipe（卡片擦除）滤镜，然后单击 Transition Completion（变换完成）前面的"码表"按钮 🕓，将时间指针拖到 00：00：00 帧时间位置，数值调整到 25%，再将时间指针拖到 00：00：03 帧时间位置，数值调整到 100%，就可以看到翻转过渡的图像效果，如图 2-28 所示。

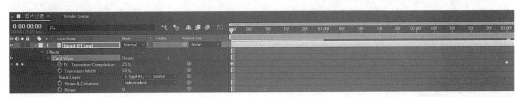

图 2-28　翻转过渡参数设置

STEP07

完成上述图像翻转过渡效果后，再为这一素材层添加 CC Glass Wipe（玻璃擦除）滤镜，进行关键帧动画设置，实现玻璃融合过渡的图像效果。在 Effect Controls（滤镜控制）面板中调整设置参数，如图 2-29 所示。

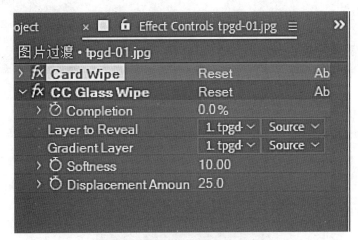

图 2-29　玻璃融合过渡参数设置

STEP08

在 Timeline（时间线）面板中展开 tpgd-01.jpg 下面的 CC Glass Wipe（玻璃擦除）滤镜，然后单击 Completion（变换完成）前面的"码表"按钮 🕓，将时间指针拖到 00：00：03 帧时间位置，数值调整到 0%，再将时间指针拖到 00：00：05 帧时间位置，数值调整到 50%，就可以看到玻璃擦除的过渡图像效果，如图 2-30、图 2-31 所示。

图 2-30　TimeLine 面板

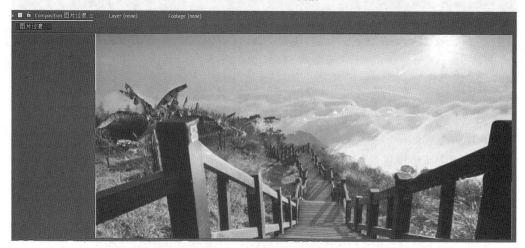

图 2-31　玻璃擦除过渡效果

（二）花瓣飘落动画

STEP01

在 Project（项目）面板中双击鼠标左键导入 hbpl-01.jpg、hbpl-02.jpg、hbpl-03.jpg、hbpl-04.jpg 文件，如图 2-32 所示。

案例：花瓣飘
落动画

案例：花瓣飘
落动画素材

图 2-32　导入文件

STEP02

按快捷键 Ctrl+N 创建一个 New Composition（新合成），命名为"花瓣飘落"，设置合成 Width（宽度）为 720px（像素），Height（高度）为 576px（像素），Fame Rate（帧速率）为 25 帧，Duration（持续时间）为 0：00：05：00（5 秒钟），如图 2-33 所示。

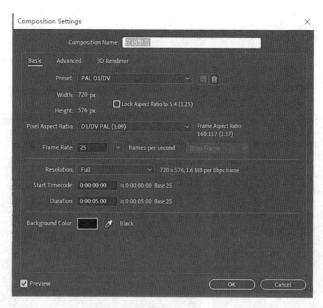

图 2-33　创建"花瓣飘落"

STEP03

将导入的图片素材拖入 Timeline（时间线）面板，将 hbpl-02.jpg 素材层置于 hbpl-01.jpg 素材层之上，如图 2-34 所示。hbpl-02.jpg 素材层是彩色花瓣层，而 hbpl-01.jpg 素材层是在 Photoshop 软件处理过的黑白遮罩层。

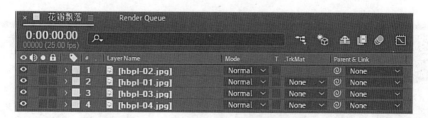

图 2-34　图片素材拖入 TimeLine 面板

STEP04

先将 hbpl-01.jpg、hbpl-03.jpg、hbpl-04.jpg 3 个素材层前面的可视眼睛关闭，如图 2-35 所示。

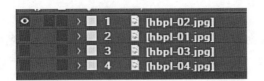

图 2-35　关闭可视眼睛

然后，只选择 hbpl-02.jpg 这一素材层，为其添加滤镜特效命令，路径为 Effect—Simulation—Shatter（滤镜—模拟仿真—碎片效果），滤镜的默认设置及视觉效果如图 2-36、图 2-37 所示。

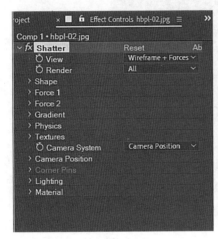

图 2-36　滤镜设置

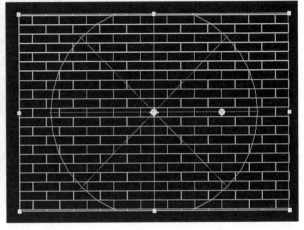

图 2-37　碎片视觉效果

STEP05

在 Effect Controls（滤镜控制）面板调整设置参数，如图 2-38 所示。展开 Shatter 下的 View（查看）参数为 Rendered（渲染），可显示花瓣的视觉效果，如图 2-39 所示。

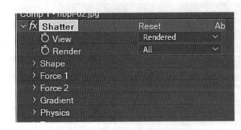

图 2-38　滤镜控制面板设置参数

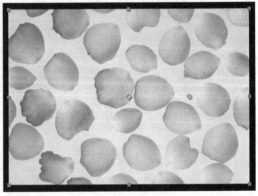

图 2-39　花瓣视觉效果

STEP06

点开 Shape（外形）对爆炸碎片的状态进行设置。在 Pattern（图案）中选择 Custom（自定义碎片形状），在 Custom Shatter Map 中选择 hbpl-01.jpg，并勾选 White Tiles Fixed 将其打开。设定产生爆炸碎片形状的遮罩层。设置 Extrusion Depth（挤压厚度）为 0.04，用于设置碎片的厚度。设置及视觉效果如图 2-40、图 2-41 所示。

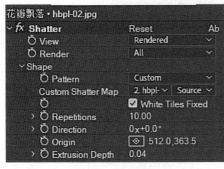
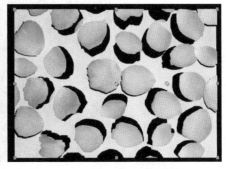

图 2-40　设置参数　　　　　　　　　　　　　图 2-41　爆炸碎片视觉效果

STEP07

展开 Force1（爆炸力 1），设置 Depth（厚度）为 0.19，用于设置力场的深度；设置 Radius（半径）为 2.24，用于设置力场的半径，数值越大，爆炸面积也就越大；设置 Strength（强度）为 -3.80，用于设置力场的强度，数值越大，碎片飞得越远。参数设置如图 2-42 所示。

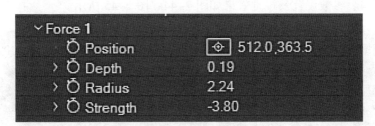

图 2-42　设置参数

STEP08

此时花瓣虽已按照遮罩的形状裂开，但是背景可以还看到 hbpl-02.jpg 这一层，这时我们就需要调整 Camera Position（摄像机位置）的参数，让 hbpl-02.jpg 素材层移动到视频画面外，将 X,YPosition 设置为 512.0、1092.5，如图 2-43 所示。

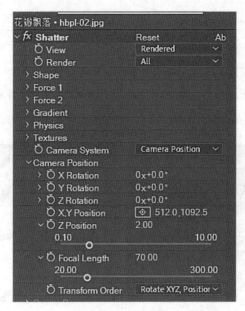

图 2-43 设置参数

STEP09

展开 Physics（物理）参数继续调整，设置 Rotation Speed（旋转速度）为 0.1，用于控制爆炸碎片的旋转速度，数值越高转动速度就越快；设置 Randomness（随机度）为 1 用于设置碎片的随机数值；设置 Viscosity（黏性）为 0，用于设置爆炸碎片的黏度；设置 Mass Variance（变量）为 40%，用于爆炸碎片集中的百分比；设置 Gravity（重力）为 0.4。参数设置及视觉效果如图 2-44、图 2-45 所示。

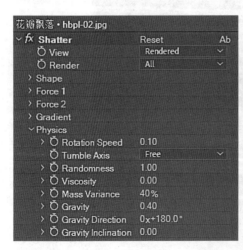

图 2-44 设置参数

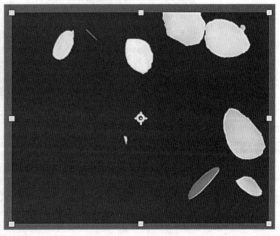

图 2-45 视觉效果

STEP10

最后调整灯光的参数，设置 Light Intensity（灯光强度）为 1.23，如图 2-46 所示。

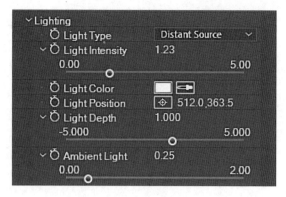

图 2-46　设置参数

第三章

After Effects 基础动画

CHAPTER 3

第一节 After Effects 的基础动画

在使用 AE 时，直接操作的对象都是针对图层的，所有的变化包括合成、动画、特效都离不开图层。

一、After Effects 的基础动画

（一）AE 基础动画概念

通过物体本身的缩放、旋转、不透明度等的属性来设计整个动态效果，属于最基础的动画效果。

After Effects 基础动画

（二）AE 基础动画属性

首先，新建一个固态图层（Solid），点开图层下的转换（Transform），有 5 个基础动画属性：锚点 / 中心点（Anchor Point）、位置（Position）、缩放（Scale）、旋转（Rotation）、不透明度（Opacity），如图 3–1 所示。

图 3–1　固态图层

AE 基础动画属性（快捷键）：

（1）锚点 A：图层的中心。

（2）位移 P：图层的位置。

（3）旋转 R：旋转图层。

（4）缩放 S：对图层进行放大、缩小。

（5）透明度 T：调整图层透明度。

设置 AE 基础动画的基本方法：码表打点和参数调整。

二、After Effects 的关键帧动画

（一）AE 基础动画原理

通过创建关键帧才能看到动态效果。

关键帧来源于传统的卡通动画，如图 3-2 所示。早期的迪斯尼工作室中，动画设计师负责设计卡通片中的关键帧画面（即关键帧），然后由动画师助理完成中间帧的制作。

图 3-2　关键帧

（二）关键帧概念

任何动画要表现运动或变化，至少前后要给出两个不同的关键状态，而中间状态的变化和衔接电脑可以自动完成，而表示关键的帧就叫作关键帧。

在 AE 中，绝大多数参数前都有一个类似码表的小标志，用鼠标单击它就能在所在的时间线位置上创建一个关键帧。AE 可以依据前后两个关键帧来识别动画的起始和结束状态，并自动计算中间的动画过程来产生视觉动画，所以每一个 AE 动画都需要至少两个关键帧，才能引起动态效果。

三、创建关键帧

在 AE 中，在时间线面板里选中层，展开层的属性，可以看到每一层前面都有一个码表 ⏱，在时间线面板右侧，将时间指针拖到需要改动参数的那一帧，单击该按钮，就可以添加创建关键帧了，如图 3-3 所示。

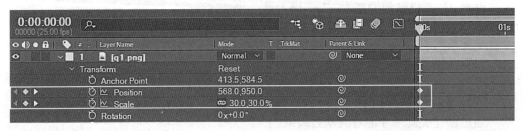

图 3-3　创建关键帧

四、案例：热气球升空动画

STEP01

在 Project（项目）面板中双击鼠标左键导入 q1.png、q2.png、q3.png、热气球背景 .jpg 文件，如图 3-4 所示。

案例：热气球
升空动画

案例：热气球
升空动画素材

图 3-4　导入文件

STEP02

按快捷键 Ctrl+N 创建一个 New Composition（新合成），命名为"热气球动画"，设置合成 Width（宽度）为 720px（像素），Height（高度）为 576px（像素），Fame Rate（帧速率）为 25 帧，Duration（持续时间）为 0：00：10：00（10 秒钟），如图 3-5 所示。

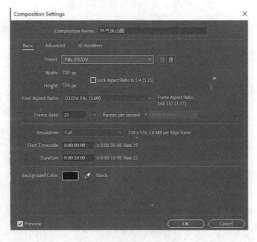

图 3-5　创建"热气球"

STEP03

将导入的图片素材拖入 Timeline（时间线）面板，将热气球背景 .jpg 素材层置于其他素材层最后作为背景，如图 3-6 所示。

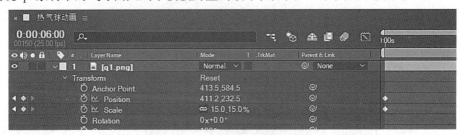

图 3-6　将图片素材拖入 Timeline 面板

STEP04

打开 q1 素材的 Position（位置）和 Scale（缩放）素材层，将时间指针拖到 00 : 00 : 00 帧时间位置，Position（位置）数值调整到（411，912），Scale（缩放）数值调整到（30%，30%），点击 q1 素材层前的码表 ，再将时间指针拖到 00 : 06 : 00 帧时间位置，Position（位置）数值调整到（411，232），Scale（缩放）数值调整到（15%，15%），就可以实现 q1 素材中的气球由大到小慢慢升空的效果，如图 3-7、图 3-8 所示。

图 3-7　q1 素材设置参数

图 3-8　q1 素材视觉效果

STEP05

打开 q2 素材的 Position（位置）和 Scale（缩放）素材层，将时间指针拖到 00：04：00 帧时间位置，Position（位置）数值调整到（62，912），Scale（缩放）数值调整到（50%，50%），点击 q2 素材层前的码表 ，再将时间指针拖到 00：07：00 帧时间位置，Position（位置）数值调整到（62，162），Scale（缩放）数值调整到（40%，40%），就可以实现 q2 素材中的气球由大到小慢慢升空的效果，如图 3-9、图 3-10 所示。

图 3-9　q2 素材设置参数

图 3-10　q2 素材视觉效果

STEP06

打开 q3 素材的 Position（位置）和 Scale（缩放）素材层，将时间指针拖到 00：01：00 帧时间位置，Position（位置）数值调整到（670，912），Scale（缩放）数值调整到（30%，30%），点击 q3 素材层前的码表 ，再将时间指针拖到 00：09：00 帧时间位置，Position（位置）数值调整到（670，62），Scale（缩放）数值调整到（10%，10%），就可以实现 q3 素材中的气球由大到小慢慢升空效果，如图 3-11、图 3-12 所示。

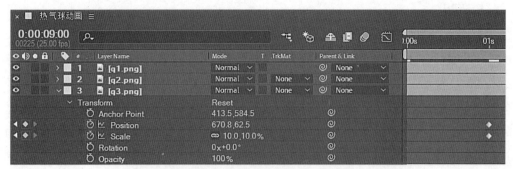

图 3-11　q3 素材设置参数

图 3-12　q3 素材视觉效果

STEP07

如果觉得气球上升效果还不够，可以复制任何一个气球，改名为 q4，并修改其参数，如图 3-13、图 3-14 所示。

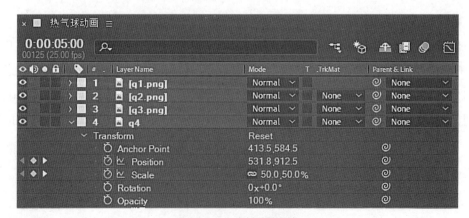

图 3-13　q4 素材设置参数

图 3-14　q4 素材视觉效果

第二节 ▶ After Effects 层动画

一、层的基础属性

图层是构成合成图像的基本组件，在 AE 合成图像窗口中所添加的素材都将作为图层来使用。在 AE 中，合成图像的各种素材都可以从项目窗口直接拖动并放置到时间层窗口，也可以将素材直接拖到合成图像窗口中，这样素材便自动显示在合成图像窗口中了。在时间布局窗口中，可以清楚地看到素材与素材之间所存在的层与层的关系，这些层都是 AE 内建的图层，并且有着各种不同的功能，在实际案例的操作中，用户可根据需求，灵活运用这些图层来创作出各种不同的特效。

图像、视频、音频、3D 模型等都可以作为素材层。这些导入的层通常作为合成素材来使用，将这些素材层的重新组合渲染后则可创作出新的作品。右击时间轴面板，可新建不同图层，其可分为以下几层。

（一）文字层（Text）

文字层作为矢量图层，不仅与其他图层一样拥有各种属性，还可以添加各种特效，而且通过文字动画引擎可以轻松地制作出各种文字动画。通过按键盘上的快捷键 Ctrl+T 可打开文字层。

（二）固态层（Solid）

固态层是 AE 软件的基本图层之一，主要用于添加特效和遮罩，有时也可用作图层蒙版。通过按键盘上的快捷键 Ctrl+Y 可打开固态层，图层的设置如图 3-15 所示。

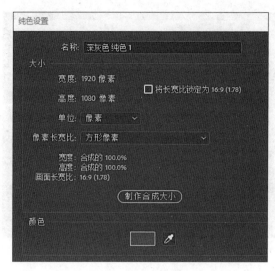

图 3-15　图层设置

（三）空物体层（Null object）

空物体层被创建后其本身并不被渲染，它通常用于关联其他图层的运动和属性。通过按键盘上的快捷键 Ctrl+Alt+Shift+Y 可打开该层。

（四）调节层（Adjustment Layer）

调层和空物体层一样，被创建后其本身不被渲染，其作用是通过添加特效来统一控制调节层下面的所有图层，给调节层添加特效就相当于给调节层以下的所有图层都加上这个特效。与此同时，固态层和调节层可以通过一个开关或按键盘上的快捷键 Ctrl+Alt+Y 来转换。

（五）形状图层（Shape Layer）

形状图层是一个矢量图层，可用于创建各种形状，如三角形、圆形等，结合其自带的形状图层修改器可以制作出各种动态特。按键盘上的快捷键 Q 或在工具条中单击图标即可打开形状图层。

（六）灯光层（Light）

灯光层用于创建灯光来为三维物体提供照明，因此灯光层只作用于三维图层。按键盘上的快捷键 Ctrl+Alt+Shift+L 可打开灯光层的设置面板。

（七）摄像机层（Camera）

摄像机层用于调节三维空间的视角，可模拟出真实相机的焦距和景深效果，类型分为目标摄像机和自由摄像机。可在菜单面板中单击摄像机图标或按下键盘上的快捷键 Ctrl+Alt+Shift+C 来创建摄像机。

二、层的混合模式

（一）层的混合模式

层的混合模式是指一个层与其下层的色彩叠加方式、各种混合模式，它们都可以产生不同的合成效果。当一个图层选择了某一个叠加模式以后，它的效果会被直接作用到它下面的第一个图层上，但是不会影响其他层。层的混合模式是 After Effects 的一项非常重要的功能，可以用于创建各种特效，并且不会损坏原始图像的任何内容。

（二）层的混合模式的基本操作

（1）单击层后面 Mode 模式下的 Normal（常规）项。

（2）在弹出的菜单中选择相应的模式，或者在菜单栏中单击 Layer—Bending Mode（图层—混合模式），在子菜单中选择相应的模式，如图 3-16、图 3-17 所示。

图 3-16　层的各种混合模式

图 3-17　层混合模式

三、层的父子关系

（一）层的父子关系

父子级关系是 After Effects 中极为重要的功能，尤其在动画绑定中起到了核心作用。一般来说，当移动一个图层时，如果要使其他层也跟随该层发生相应的变化，可以将该层设置为 Parent（父）层，当为父层设置 Transform（变换）属性时，子层也会随父层发生变化。一个父层可以同时拥有多个子层，而一个子层只能拥有一个父层，在三维空间中，我们通常用一个 Null Object（空对象）层来作为一个三维层组的父层，利用这个空对象层可以对三维层组应用变换属性。

（二）案例：飞机动画

STEP01

在 Project（项目）面板中双击鼠标左键导入飞鸟 .png、螺旋桨 .png、飞机 .png、飞机背景 .jpg 文件，如图 3-18 所示。

案例：飞机动画

案例：飞机动画素材

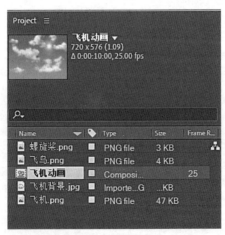

图 3-18　导入文件

STEP02

按快捷键 Ctrl+N 创建一个 New Composition（新合成），命名为"飞机动画"，设置合成 Width（宽度）为 720px（像素），Height（高度）为 576px（像素），Fame Rate（帧速率）为 25 帧，Duration（持续时间）为 0：00：10：00（10 秒钟），如图 3-19 所示。

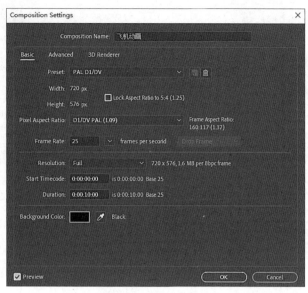

图 3-19 创建 "飞机动画"

STEP03

将导入的图片素材拖入 Timeline（时间线）面板，将飞机背景 .jpg 素材层置于其他素材层最后作为背景，如图 3-20 所示。

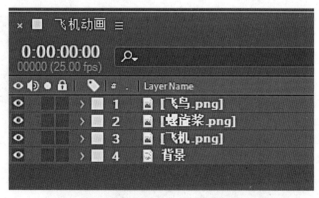

图 3-20 图片素材拖入 Timeline 面板

也可新建一个固态层作为天空背景，并加入渐变特效。在 Timeline（时间线）面板单击右键，选择 New—Solid（新建—固态层），加入渐变特效 Effect—Generate—Gradient Ramp（效果—生成—渐变特效），Start Color（开始颜色）为 R:21,G:129,B:255，End Color（结束颜色）为 R:217，G:245，B:254，如图 3-21 所示。

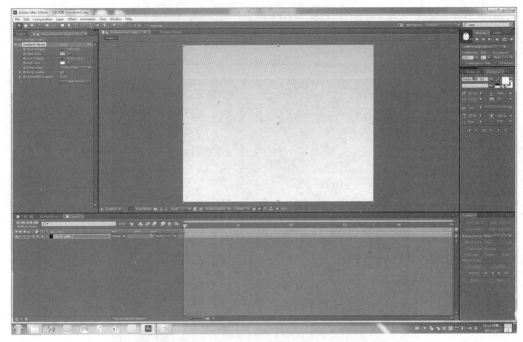

图 3-21　设置参数

STEP04

打开素材"螺旋桨"层的 Position（位置），将其参数调整为 340.5，151.0。将螺旋桨位置调整到飞机头部前端，并单击其 Rotation（旋转）参数为 50X+0.0°，即在 10 秒

图 3-22　"螺旋桨"参数设置

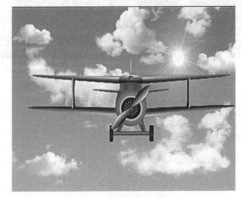

图 3-23　螺旋桨视觉效果

的时间内旋转 25 圈，使螺旋桨旋转起来。为了使旋转的效果更真实，我们需要开启运动模糊效果，打开"螺旋桨"层的运动模糊开关和 Timeline（时间线）面板上方的总开关，如图 3-22、3-23 所示。

STEP05

下面我们来制作飞机由远及近的效果，将"螺旋桨"层链接到"飞机"层上（"飞机"作为父层，"螺旋桨"作为子层），单击"飞机"层 Scale（缩放）前面的码表 ，调整"飞机"层 Scale（缩放）参数，将时间指针拖到 00：00：00 帧时间位置，Scale（缩放）数值调整到（10%，10%），再将时间指针拖到 0：00：03：00 帧时间位置，Scale（缩放）数值调整到（100%，100%），如图 3-24 所示。

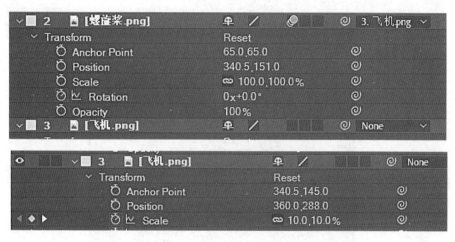

图 3-24　飞机层参数设置

STEP06

设置此飞机缩放运动为加速动画。比如物体从位置 A 运动到位置 B，则可以分别在 A 和 B 两处各设置一个位置关键帧即可。但我们可以看到物体是匀速运行的。那么如何实现加速运行呢？如图 3-25 所示。

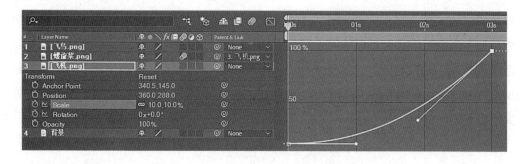

图 3-25　加速动画参数设置

STEP07

设置飞机左右摇摆动画。将时间指针拖到 0：00：03：00 帧时间位置，Rotation（旋转）数值调整到（0x+0.0°），将时间指针拖到 0：00：04：00 帧时间位置，Rotation（旋转）数值调整到（0x+15.0°），将时间指针拖到 0：00：05：00 帧时间位置，Rotation（旋转）数值调整到（0x+0.0°），将时间指针拖到 0：00：06：00 帧时间位置，Rotation（旋转）数值调整到（0x-15.0°），将时间指针拖到 0：00：00：00 帧时间位置，Rotation（旋转）数值调整到（0x+0.0°），如图 3-26、3-27 所示。

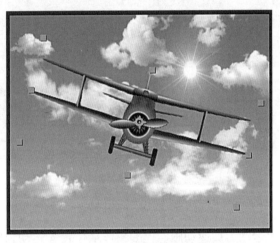

图 3-26　摇摆动画参数设置

图 3-27　摇摆动画视觉效果

STEP08

设置飞鸟动画，给飞鸟做一个路径动画。制作一个飞鸟从天空背景中飞过的动画，使这个动画看起来更生动。调整素材的 Position（位置）参数，制作一个位移动画，在合成面板中我们可以拖动位移轨迹两端的方向手柄，制作一个曲线轨迹。可以选中飞鸟层，用钢笔工具在天空中画出飞行轨迹，画完后飞鸟层会出现 Mask（蒙版）层，点开这一层，将它的 Mask Path（蒙版路径）复制（ctrl+c），然后点击 Position（位置）将复制的路径粘贴（ctrl+v）到飞鸟层的位置上，动画效果如图 2-28 所示。

图 3-28　飞鸟动画效果

四、层的遮罩

（一）层的遮罩

在进行合成制作时，会涉及多个层的叠加效果设置，不带 Alpha 通道的层将遮住下方的层，为了解决这个问题，AE 提供了遮罩工具，利用这个工具，我们可以在层上创建出不同透明区域。在对图像的某一特定区域运用各种色彩变化、滤镜和其他效果时，保护没有被选择的区域不被编辑。

层的遮罩

Mask 被称为遮罩，可以将图形中部分区域的图像遮盖起来。可以在同一个图层中使用多个遮罩，创建出多样的效果。

（1）No Track Matte: 保持各个图层独立，相互不影响。

（2）Alpha Matte: 该模式以底层图层为源，然后读取底层上的叠加层作为 Alpha 通道选区，再通过"叠加层"中不透明与半透明的部分作为选区应用到底层上。

（3）Alpha Inverted Matte: 该效果与 Alpha Matte 的效果刚好相反，读取上层叠加层中不透明部分，保留透明部分作为选区。需要注意的是 Alpha Matte 和 Alpha Inverted Matte 的底层，均是读取上层叠加层图像信息中的透明程度，然后决定底层对应位置区域是保留、去除，还是做半透明处理。

（4）Luma Matte: 与 Alpha Matte 读取上层叠加层的数据方式不同，它读取的是上层叠加层中的颜色亮度信息来确定底层对应区域是保留、去除，还是做半透明处理。

（5）Luma Inverted Matte: 该效果与 Luma Matte 的效果正好相反，如果是白色，则会完全去除，因为白色亮度信息最高。如果是黑色，则会在底层对应区域上做不透明处理，因为黑色亮度信息最低。

（二）案例：遮罩动画

STEP01

在 Project（项目）面板中双击鼠标左键导入书法 .jpg、背景 .jpg 文件，将背景 .jpg 直接拖入时间线面板中，也可新建一个与素材大小相同的合成，如图 3-29、3-30 所示。

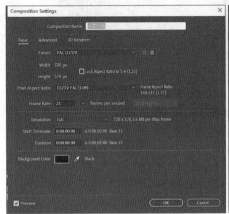

图 3-29　导入文件图　　　　　　　　3-30　新建合成

STEP02

首先，先复制一层"书法"层作为底层，将其显示视角先关掉。然后，选择"书法"层新建一个遮罩，并调整遮罩的宽度，使其显示诗词中第 1 列。选择 Mask Path（遮罩路径）前面的码表添加关键帧，在 00：00：03：00 帧时间位置，调整遮罩形状使其缩为 0，在 00：00：05：00 帧时间位置，调整遮罩形状使其完全展开，如图 3-31 所示。

案例：遮罩动画

案例：遮罩动画素材

图 3-31　新建遮罩

STEP03

选择"书法"层再新建一个遮罩，并调整遮罩的宽度，使其显示诗词中的第 2 列。选择 Mask Path（遮罩路径）前面的码表添加关键帧，在 00：00：05：00 帧时间位置，调整遮罩形状使其缩为 0，在 00：00：07：00 帧时间位置，调整遮罩形状使其完全展开，如图 3-32、图 3-33 所示。

图 3-32　设置参数

图 3-33　设置效果

STEP04

选择之前复制的"书法"层，将它的三维层打开，将指针拖到 00：00：00：00 帧时间位置，建立关键帧 Scale（缩放）为 0.0，0.0，100.0%，再将指针拖到 00：00：03：00 帧时间位置，建立关键帧 Scale（缩放）为 80.0，80.0，100.0%，并将这一层的 Opacity（透明度）调整到 65%，避免与上一层的"书法"遮罩层重复，如图 3-34、图 3-35 所示。

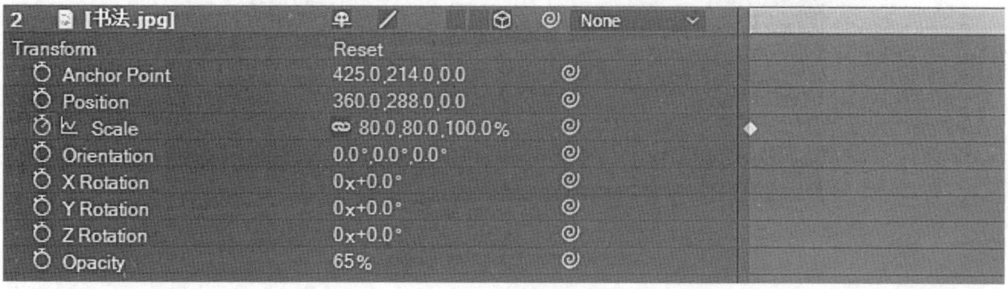

图 3-34　设置参数

图 3-35　设置效果

STEP05

　　将第一层"书法"遮罩层的三维层打开，将其作为父子层中的"子"层，链接到下一层"父"层，并调整其位置和旋转角度，如图 3-36、图 3-37 所示。

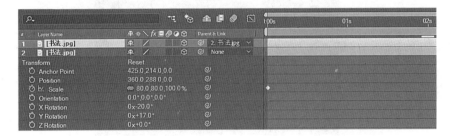

图 3-36　设置参数

图 3-37　设置效果

第三节 After Effects 路径动画

在 AE 中，可以使用关键帧制作出很多种动画效果，而路径动画是我们常见的动画种类。它在其他图形软件中使用曲线来控制动画的路径，而在 AE 中也是如此，可见使用曲线控制路径动画是现在艺术家们用来制作路径动画的最佳手段，AE 为我们提供了强大的路径动画来控制。AE 路径动画常用的 3 种方法：Stroke、3D Stroke，以及形状图层的路径动画。这 3 种功能在制作路径动画的时候非常相似，可以进行关联学习。

在工具栏中，我们可以使用钢笔工具来调整路径，使用曲线来控制路径的形状，使用手柄控制着曲线的方向和角度，按 Ctrl 键可以将钢笔工具切换成选择工具，调整曲线中控制点的位置。

一、案例：纸飞机路径动画

STEP01

在 AE 中制作飞机形状。新建 Composition（合成），Width（宽度）为 1920px，Height（高度）为 1080px，Frame Rate（帧速率）为 25，Resolution: Full，Duration 为 0:00:05:00（持续时间 5 秒），背景为蓝色，如图 3–38 所示。

案例：纸飞机
路径动画

案例：纸飞机
路径动画素材

图 3–38　新建合成

STEP02

先把视图调整到 Top（顶部）视图，然后开始绘制机翼形状。我们用钢笔工具在顶部视图中左上角位置绘制三角形机翼，瞄点之间默认为圆滑曲线，按住 Alt 键用鼠标点击瞄点可切换为直角；为了让有些瞄点的横纵坐标相同，通过快捷键 Ctrl+R 调出标尺，拉出辅助线来拖动瞄点到恰当的位置，并将其命名为"机翼 1"，如图 3-39 所示。

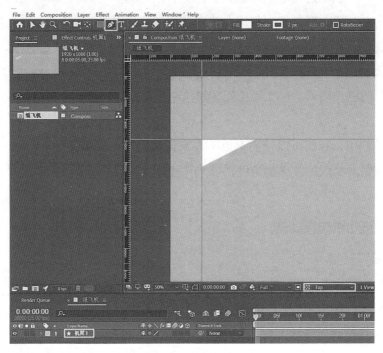

图 3-39　绘制机翼 1

STEP03

用平移工具将机翼 1 的旋转中心移动到三角形角尖，以便后期调整需要，如图 3-40 所示。

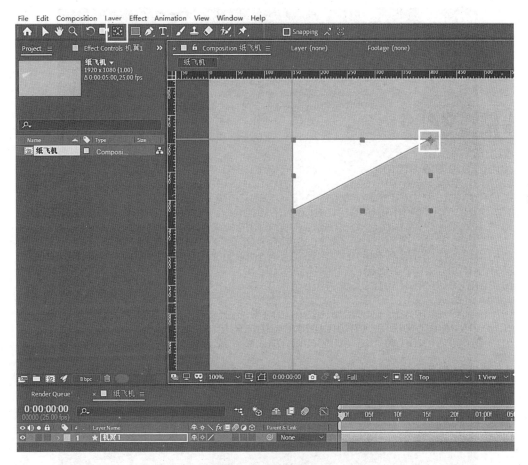

图 3-40　移动旋转中心

STEP04

打开机翼 1 的 3D 图层开关，绕 X 轴旋转 –90 度，让机翼正面朝上，并移动到辅助线位置，如图 3–41 所示。

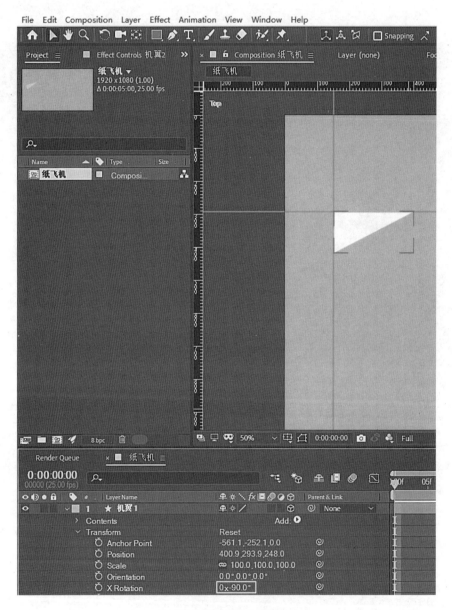

图 3-41　绕 X 轴旋转

STEP05

选中机翼 1 图层，按快捷键 Ctrl+D 复制一份，命名为"机翼 2"，绕 X 轴旋转到
90 度，如图 3-42 所示。

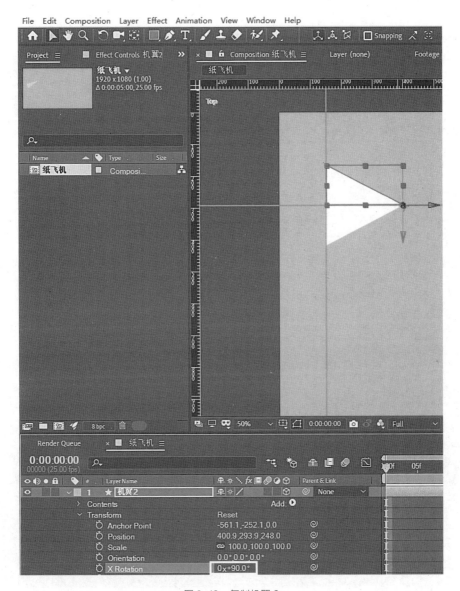

图 3-42　复制机翼 2

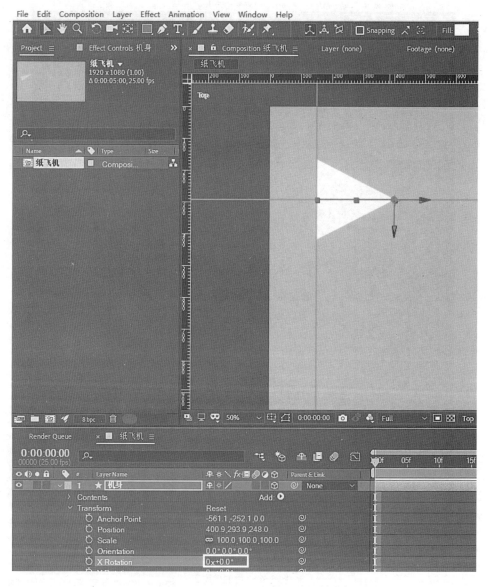

STEP06

选中机翼 2 图层，按快捷键 Ctrl+D 复制一份，绕 X 轴旋转到 0 度，重命名为"机身"，如图 3-43 所示。

图 3-43　机身

STEP07

让飞机的机翼往两边各岔开5度。机翼1和机翼2的Z Rotation分别设为 $0_x \pm 5.0°$, 如图3-44所示。

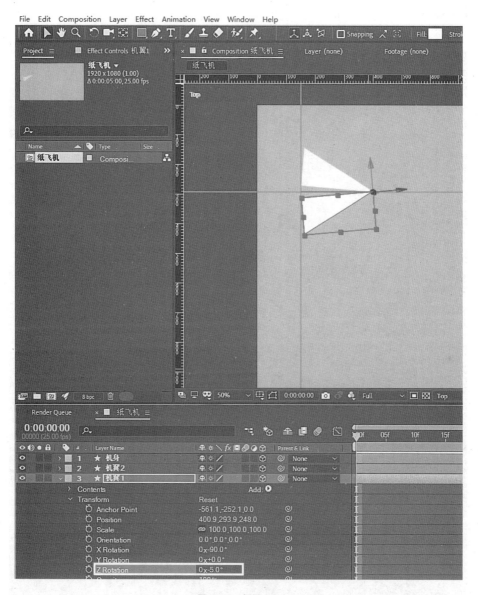

图3-44　机翼公开

STEP08

Ctrl+D 复制机身两次，分别重命名为"机身 2""机身 3"。让飞机的机身往两边也各岔开 5 度。将机身 2 的 Y Rotation 设为 0x ± 5.0°，机身 3 的 Y Rotation 设为 0x+5.0°，如图 3-45 所示。

图 3-45　机身 2、机身 3

STEP09

选中 3 个机身图层，切换到 Front 正视图，将机身高度往上缩短一些，如图 3-46
所示。

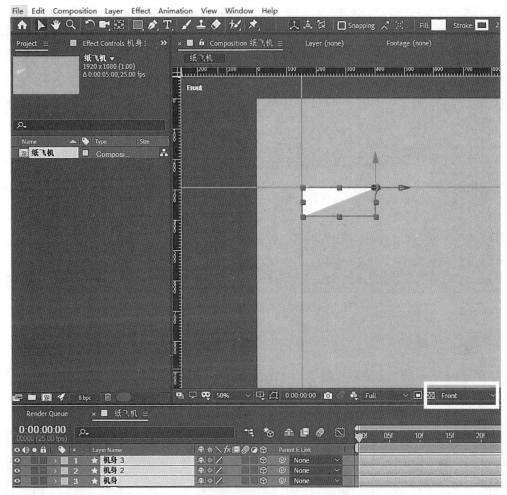

图 3-46　Front 正视图

STEP10

切换到四视图，选中机身 3，用旋转工具在顶部视图中按 X 轴旋转机身 3，直到
在左视图中看到斜边变成完全竖直，如图 3-47 所示。

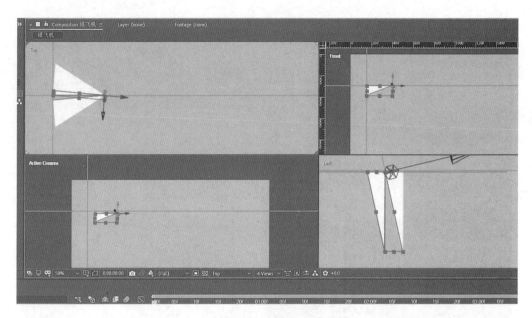

图 3-47　四个视图

STEP11

按照上一步的操作旋转机身 2，最后得到了我们想要的立体飞机形状，如图 3-48
所示。

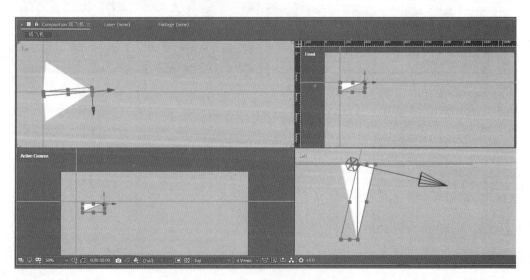

图 3-48　立体飞机形状

STEP12

切换到自定义视图中，给机翼填充绿色，设置 R: 0，G: 255，B: 144，如图 3-49 所示。

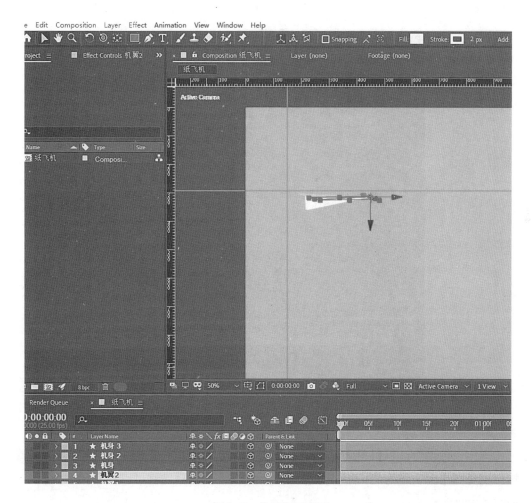

图 3-49　给机翼填充彩色

STEP13

右击新建摄像机，为了便于区分，给机身一边填充浅灰色，另一边填充浅青色，如图 3-50 所示。在自定义视图中按住 C 键，鼠标左键单击拖动可以任意查看飞机各个视角视图。

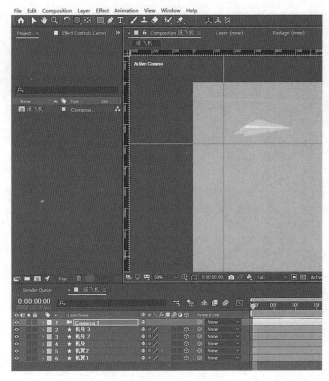

图 3-50　给机身填充彩色

STEP14

制作飞行动作。以机身为基准，将机身 2、机身 3 图层和机翼 1、机翼 2 图层链接到机身图层上，作为父子级。这样只需要对机身做动画，就可以控制整个飞机了，如图 3-51 所示。

图 3-51　制作飞行动作

STEP15

为了让飞机在运动过程中，一直是跟随路径方向，需要在变换的自动定向选项中调整为沿路径方向。操作顺序：Layer（图层）—Transform（变换）—AutoOrientation（自动定向），选择 Orient Along Path 沿路径走向，如图 3-52 所示。

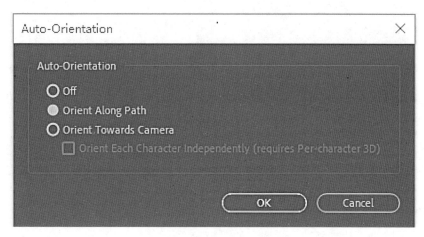

图 3-52　路径方向变换设置

STEP16

下面开始绘制飞机的运动路径，每隔一秒打一个关键帧，在 Top（顶部）视图中绘制圆形路径，如图 3-53 所示。

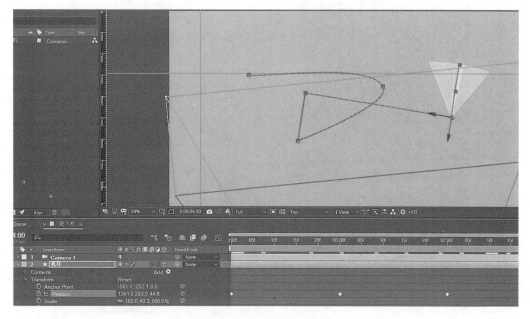

图 3-53　绘制飞机运动路径

STEP17

调整路径节点，让路径变得更圆滑。切换到四视图模式，在正面视图中调整路径垂直方向变化，如图 3-54 所示。

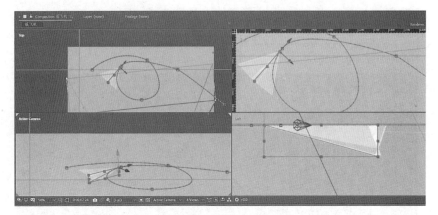

图 3-54 调整路径节点

STEP18

最后可以对运动路径进行微调，如图 3-55 所示。

图 3-55 运动路径微调

通道（Track Matte）在时间轴面板上（图层叠加模式旁），通道运用中，也就是使底层读取上层叠加层的数据，然后自身发生变化，并且隐藏上层叠加层。通常来说，在制作蒙版遮罩效果变化、字体变化、亮光等时都需要用到这个模式。

二、案例：图片滚动动画

STEP01

新建 Composition（合成），设置 Width（宽度）为 1280px，Height（高度）为 720px，Frame Rate（帧速率）为 25，Resolution 为 Full，Duration 为 0:00:05:00（持续时间 5 秒），背景为黑色，如图 3-56 所示。

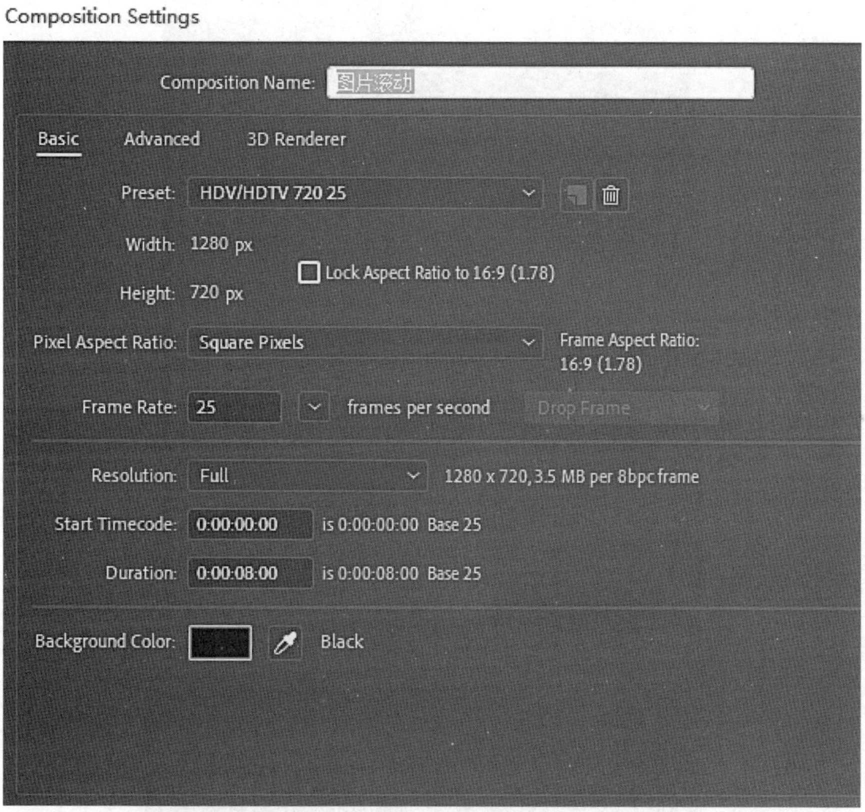

图 3-56　新建"图片滚动"

STEP02

导入素材酒店大堂 .jpg、酒店客房 .jpg、温泉中心 .jpg。在时间线面板中右击，然后选择 New—Solid（新建—固态层）。给固态层添加 Gradient Ramp（渐变特效），Start Color（开始颜色）为暗红色（R:130，G:48，B:67），End Color（结束颜色）为黑色（R:0，G:0，B:0），如图 3-57 所示。

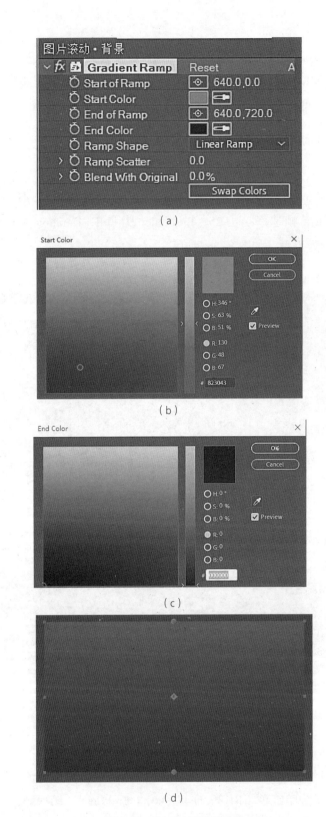

案例：图片滚
动动画

案例：图片滚
动动画素材

（a）

（b）

（c）

（d）

图 3-57　导入素材及设置参数

STEP03

　　将项目面板中的素材酒店大堂 .jpg 拖到背景层上方，并设置 Scale（缩放）为 45%。然后，在时间面板中再建一个 Solid（固态层），命名为"大堂阴影"。把阴影层拖曳到规划层下方，再单击 Ellipse Tool（椭圆工具）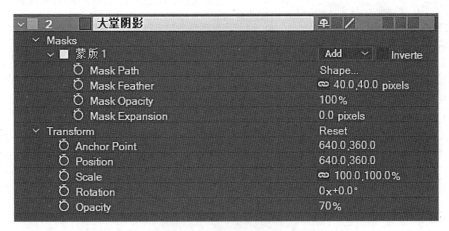，并在画面中拖曳出一个椭圆遮罩（也称蒙版），打开 Mask（遮罩），设置 Mask Feather（遮罩羽化）为 40%，Mask Opacity（遮罩透明度）为 50%，如图 3-58、图 3-59 所示。

图 3-58　新建"大堂阴影"

图 3-59　设置效果

STEP04

选择时间线面板中的酒店大堂和阴影层，然后右击，并在弹出的菜单中选择 Pre-compose（预合成），接着在弹出的对话框中设置 New Composition（新合成）名称为"大堂"，如图 3-60 所示。并以此类推制作客房、温泉合成。

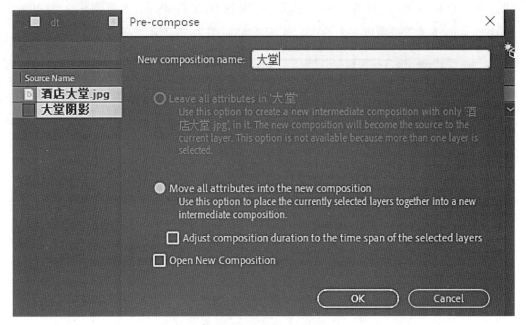

图 3-60 新建"大堂"

STEP05

将时间指针拖到第 0 秒位置时，单击大堂层下的 Position（位置）和 Scale（缩放）前面的 ，并设置 Position（位置）为（640，360），Scale（缩放）为（100%，100%）。接着将时间指针拖到第 2 秒的位置，并设置 Position（位置）为（214，360），Scale（缩放）为（70%，70%），如图 3-61、图 3-62 所示。

图 3-61 设置参数

图 3-62　设置效果

STEP06

为了在图片运动过程中塑造相对逼真的运动效果，需要给这个合成添加一个 Fast Blur（快速模糊）效果，打开这个效果，将时间指针拖到第 1 秒的位置，设置 Blurriness（模糊度）为 0，接着将时间指针拖到第 1 秒的位置，设置 Blurriness（模糊度）为 15，最后将时间指针拖到第 2 秒的位置，设置 Blurriness（模糊度）为 0，如图 3-63、图 3-64 所示。

图 3-63　设置参数

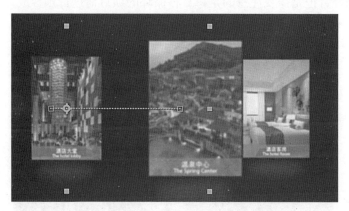

图 3-64　设置效果

STEP07

将时间指针拖到第 0 秒位置时，单击温泉层下的 Position（位置）和 Scale（缩放）前面的 ，并设置 Position（位置）为（1059，360），Scale（缩放）为（70%，70%）。接着将时间指针拖到第 2 秒的位置，并设置 Position（位置）为（640，360），Scale（缩放）为（100%，100%）。

STEP08

为了在图片运动过程中塑造相对逼真的运动效果，需要给这个合成添加一个 Fast Blur（快速模糊）效果，打开这个效果，将时间指针拖到第 1 秒的位置，设置 Blurriness（模糊度）为 0，接着将时间指针拖到第 1 秒的位置，设置 Blurriness（模糊度）为 15，最后将时间指针拖到第 2 秒的位置，设置 Blurriness（模糊度）为 0。

STEP09

将时间指针拖到第 0 秒位置时，单击客房层下的 Position（位置）和 Scale（缩放）前面的 ，并设置 Position（位置）为（214，360），Scale（缩放）为（70%，70%）。接着将时间指针拖到第 2 秒的位置，并设置 Position（位置）为（1059,360），Scale（缩放）为（100%，100%）。

STEP10

为了在图片运动过程中塑造相对逼真的运动效果，需要给这个合成添加一个 Fast Blur（快速模糊）效果，打开这个效果，将时间指针拖到第 1 秒的位置，设置 Blurriness（模糊度）为 0，接着将时间指针拖到第 1 秒的位置，设置 Blurriness（模糊度）为 15，最后将时间指针拖到第 2 秒的位置，设置 Blurriness（模糊度）为 0。

STEP11

此时拖动时间指针查看效果，如图 3-65、图 3-66、图 3-67 所示。以此类推可制作多个移动循环，但是需要注意的是每 2 秒循环的项目请进行预合成，否则会影响图片循环顺序。

图 3-65　查看效果 1

图 3-66　查看效果 2

图 3-67　查看效果 3

第四节 ⊙ After Effects 遮罩动画

　　After Effects 中的遮罩（也称"蒙版"）是用来改变图层特效和属性的路径，常用于修改图层的 Alpha 通道，即修改图层像素的透明度，也可以作为文本动画的路径。蒙版的路径分为"开放"和"封闭"两种，"开放"路径的起点与终点不同，"封闭"路径则是可循环路径且可为图层创建透明区域。一个图层可以包含多个蒙版。蒙版在时间线面板中的排列顺序会影响蒙版之间的交互，可通过鼠标拖动蒙版，改变蒙版之间的排列顺序，也可设置蒙版的混合模式。

一、遮罩动画的基本设置方法

遮罩分两种：一种是规则遮罩，运用矩形等工具创建规则图形；另一种是不规则遮罩，运用钢笔工具去创建不规则图形，如图 3-68 所示。

图 3-68　遮罩

（一）创建规则遮罩

建立固态层—椭圆形遮罩，在选择的图层上面点击形状建立遮罩（圆形按 shift）—羽化设置。

创建 New Composition（新合成）选 Custom（自定义），设置 Width（宽度）为 720px，Height（高度）为 576px，Frame Rate（帧速率）为 25，Resolution 为 Full，如图 3-69 所示。

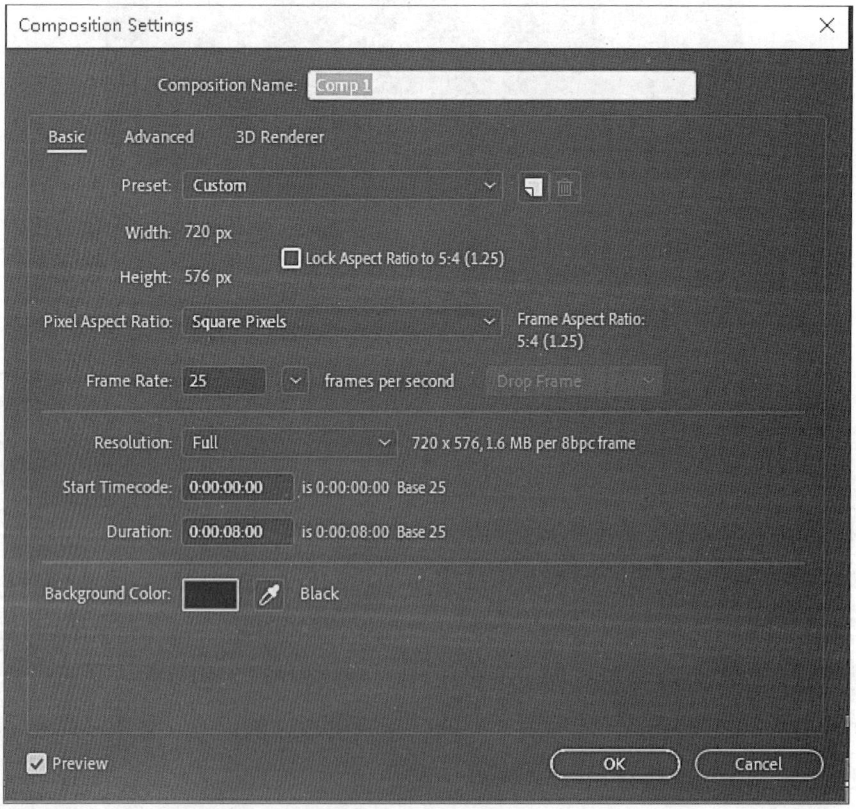

图 3-69　设置参数

新建 Solid（固态层），导入一张图片，双击 ◉ 椭圆工具，如图 3-70 所示。

图 3-70　导入图片

展开图片的遮罩，设置 Mask Feather（遮罩羽化）为 250.0 pixels，如图 3-71 所示。

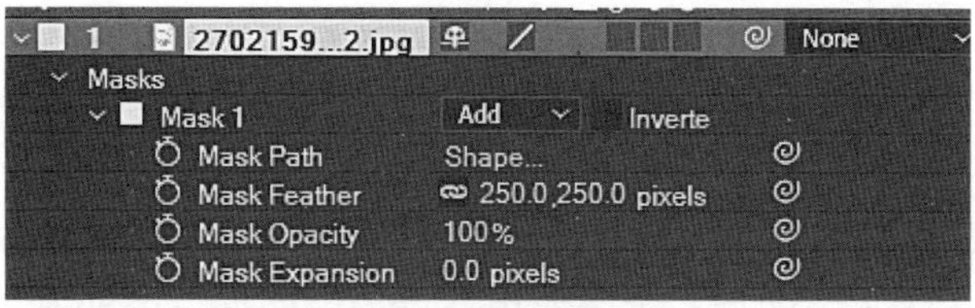

图 3-71　遮罩羽化设置

羽化效果如图 3-72 所示。

图 3-72　羽化效果

1. 遮罩属性

Mask Path：遮罩路径，通过遮罩的路径可以调整遮罩的缩放位移。

Mask Feather：遮罩羽化，通过遮罩羽化可以调整遮罩边缘模糊度。

Mask Opacity：遮罩透明度，通过遮罩透明度可以调整遮罩范围内图层的透明度。

Mask Expansion: 遮罩扩展，通过遮罩扩展可以调整遮罩的范围，扩展或收缩路径的范围。

2. 遮罩的叠加方式

遮罩的叠加方式，如图 3-73 所示。

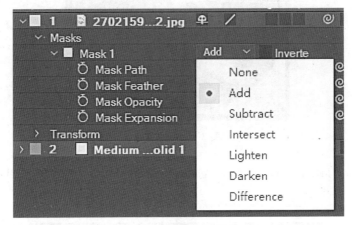

图 3-73　遮罩叠加方式

None: 遮罩蒙版不影响当前图层与其他图层。

Add: 保留当前遮罩区域，将其与其他遮罩进行相加处理。

Subtract : 作用于当前图层，去除遮罩范围内的图像，保留遮罩外的图像，如图 3-74 所示。

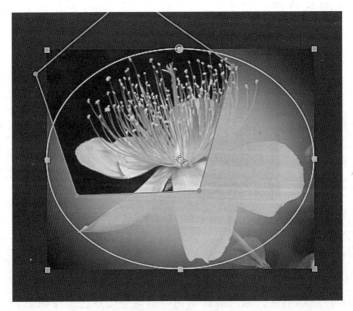

图 3-74　Subtract 效果

Intersect：只显示当前遮罩与其他遮罩交集的结果，如图 3-75 所示。

图 3-75　Intersect 效果

Lighten：两个不同的遮罩，它们的 Mask Opacity 属性是不相同的。当它们互相叠加时，叠加区域的透明度由 Mask Opacity 数值最高的遮罩来决定，如图 3-76、图 3-77 所示。

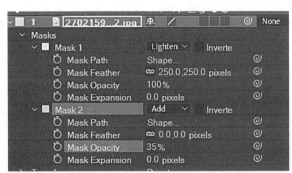

图 3-76　设置参数

图 3-77　Lighten 效果

Darken：当两个遮罩叠加时，叠加区域的透明度由 Mask Opacity 数值最低的遮罩来决定。

Difference：当两个遮罩叠加时，该模式使用并集减去交集模式。

（二）创建不规则遮罩

使用钢笔工具 可以绘制不规则的形状遮罩，如图 3-78 所示。

图 3-78　钢笔工具

Pen Tool：利用钢笔工具，可以建立任何形状的遮罩。在使用钢笔建立路径时，可以直接建立曲线路径。产生曲线路径，可以减少路径上的控制点，且减少以后对控制点的修改。单击，产生控制点，按住鼠标向要画线的方向拖动，拖动时鼠标拉出两个方向手柄中的一个。方向线的长度和曲线角度决定了画出曲线的形状，以后通过调节方向手柄修改曲线的曲率。

Add Vertex Tool：顶点添加工具，用于添加顶点。

Delete Vertex Tool：顶点清除工具，用于删除顶点。

Convert Vertex Tool：转换点工具，用于调整顶点。

二、遮罩动画的综合应用

案例：时间冻结动画

STEP01

新建 Composition（合成），设置 Width（宽度）为 1920px，Height（高度）为 1280px，Frame Rate（帧速率）为 25，Resolution 为 Full，Duration 为 0:00:15:00（持续时间 15 秒），背景为黑色，如图 3-79 所示。

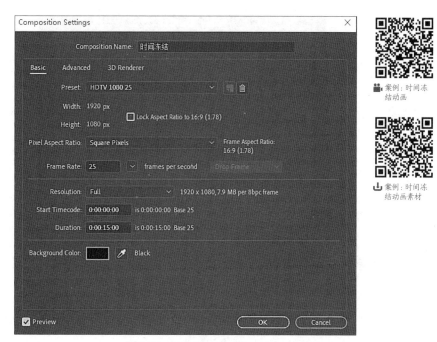

图 3-79　新建"时间冻结"

STEP02

导入素材时间素材 2.mov、时间素材 3.mov。将时间素材 2 导入时间线面板，拖动素材观看，需要确定什么时候冻结时间。将时间指针拖到第 5 秒 7 帧的位置，在摔倒的那个视频上右击时间条，选择 Time—Enable Time Rempping（时间—启用时间重置）。现在有两个关键帧了，然后在第 5 秒 7 帧的后一帧（page down）处，设置一个关键帧，放大这个区域可以看到这两个关键帧紧挨在一起，选择第二个和最后一个关键帧，我们把两个往后移，你会看到，一开始是按实时播放视频，到第 5 秒 7 帧时它停住了，时间停住了。然后把视频时间线延长，在下一个关键帧之后，时间会恢复。操作如图 3-80 所示，效果如图 3-81 所示。

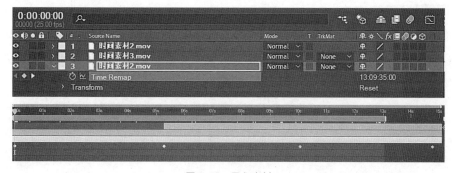

图 3-80　导入素材

图 3-81　视觉效果 1

STEP03

将时间素材 3 导入时间线面板，放置于时间素材 2 下面。先将时间素材 2 的透明度降到 50%，即 Opacity（透明度）为 50%。拖动时间线指针，来确定两个视频时间的切合点。当时间素材 2 中的人摔倒之后，时间素材 3 中的人进来，然后离去，如图 3-82 所示。

图 3-82　视觉效果 2

STEP04

给时间素材 3 设置一个矩形遮罩（蒙版），并打开 Mask（遮罩）— Mask Path（蒙版路径），根据适合的时间点，设置若干关键帧点，确保矩形遮罩能够遮住时间素材 3 中人物的走路动作，如图 3-83 所示。

（a）

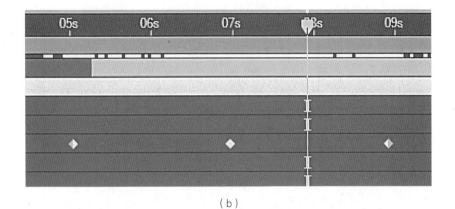

（b）

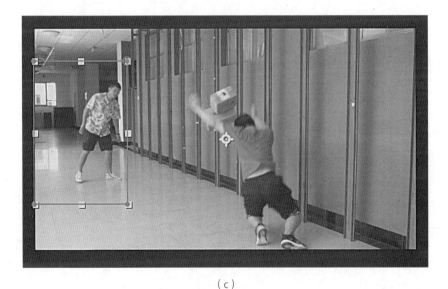

（c）

图 3-83　时间素材 3 设置及视觉效果

第四章

After Effects 插件

CHAPTER 4

AE 能实现很多酷炫的视觉效果，这离不开插件的支持，通过插件可以快速实现 AE 自带滤镜完成不了的效果。AE 的插件有各种各样的功能，使用合适的插件更容易做出想要的特效。AE 插件分为自带插件和外置第三方插件。

第一节 ◉ After Effects 基础插件

After Effects 可以精确地创建无数种引人注目的动态图形和震撼人心的视觉效果。它利用与其他 Adobe 软件无与伦比的紧密集成度和灵活的 2D 及 3D 合成，以及数百种预设的效果和动画，可以为电影、视频、DVD 和 Macromedia Flash 作品增添令人耳目一新的效果。

一、After Effects 基础插件介绍

目前，AE 自带插件已经由原来的 202 个升级到了 287 个，都是非常实用的。

二、文字特效

After Effects 文字特效类型多种多样，功能强大。文字作为视觉设计的一部分，往往在画面中起到画龙点睛的作用。文字特效除了本身的基础属性位移、旋转和不透明度等特效外，还可以实现文字之间的动画特效。

（一）文字的基础动画

1. 创建文字

第一种方法是用工具栏中的文字工具进行创建。在工具栏中提供了两种文字创建工具，分别是 Horizontal Type Tool（横排文字工具）和 Vertical Type Tool（直排文字工具），如图 4-1、图 4-2 所示。

Effect	Animation	View	Window	Help

Effect Controls		F3
Shatter		Ctrl+Alt+Shift+E
Remove All		Ctrl+Shift+E
3D Channel	三维通道	>
Audio	音频	>
Blur & Sharpen	模糊 & 锐化	>
Boris FX Mocha	摩卡跟踪插件	>
CINEMA 4D	C4D 导入插件	>
Channel	通道	>
Color Correction	色彩校正	>
Distort	扭曲	>
Expression Controls	表达式控制	>
Generate	生成	>
Immersive Video	渲染	>
Keying	抠像	>
Matte	蒙版	>
Noise & Grain	噪波 & 杂点	>
Obsolete	过时插件	>
Perspective	透视	>
Simulation	仿真	>
Stylize	风格化	>
Text	文字	>
Time	时间	>
Transition	转换	>
Utility	实用	>

图 4-1　AE 基础插件

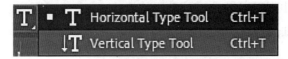

图 4-2　文字创建工具

水平文字工具可以横向书写文字，纵向文字工具则为竖向书写文字，当选择文字工具后，可在 Composition（合成）面板单击鼠标左键确定第 1 个文字的输入位置，紧接着可输入相应的文字，如图 4-3 所示。

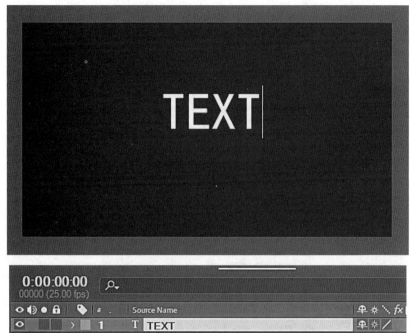

图 4-3　文字输入

第二种创建方式是在时间线面板中点鼠标右键执行 New—Text 命令创建文字，此时创建的文字为水平排列模式，如图 4-4、图 4-5、图 4-6 所示。

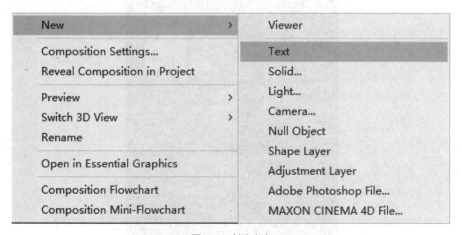

图 4-4　创建文字

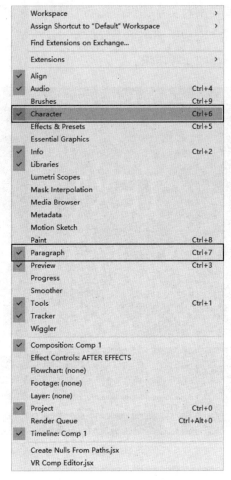

图 4-5　开启字符与段落窗口

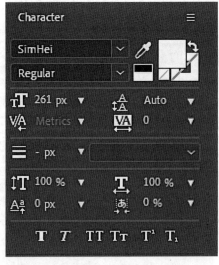

图 4-6　字符窗口

如果要输入段落文字，可以使用鼠标左键拖动出一个选框来输入文字，称为 Paragraph Text（段落文字），如图 4-7 所示。

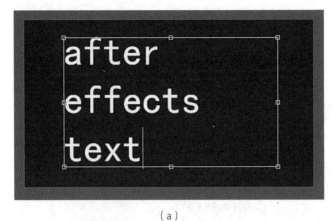

（a）

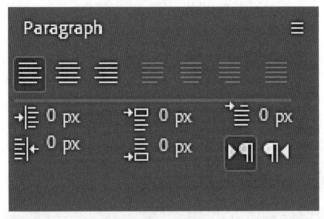

（b）

（c）

图 4-7　段落窗口

2. 文字动画的基本设置

（1）Animate Text: Animation（动画）—Animate Text（文字动画），如图 4-8 所示。

Enable Per-character 3D	
Anchor Point	控制锚点
Position	位置
Scale	缩放
Skew	倾斜
Rotation	旋转
Opacity	透明度
All Transform Properties	全部属性
Fill Color	填充颜色 ›
Stroke Color	描边颜色 ›
Stroke Width	描边宽度
Tracking	字间距
Line Anchor	对齐方式
Line Spacing	行间距
Character Offset	字符偏移
Character Value	字符阈值
Blur	模糊

图 4-8　Animation 文字动画

（2）字体动画范围控制器，如图 4-9 所示。

Add Text Selector	›	Range	范围
Remove All Text Animators		Wiggly	摆动
Add Expression	Alt+Shift+=	Expression	表达式

图 4-9　字体动画范围控制器

Range（范围）：可以使动画效果只在设定好的范围内起作用。

Wiggle（摆动）：可以使文字的效果呈现摆动状态。

Expression（表达式）：可以为文字添加表达式控制效果。

其他设置窗口如图 4-10 所示。

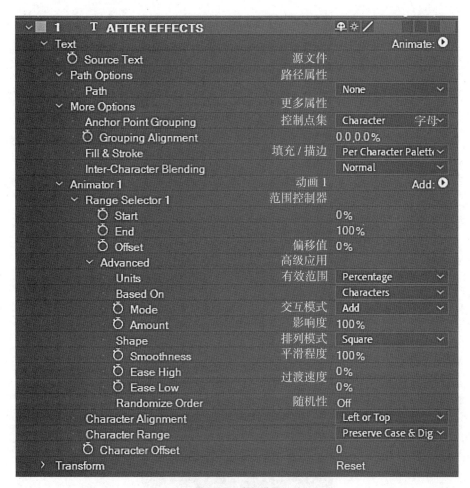

图 4-10　窗口设置

（3）文字动画预设，如图 4-11 所示。

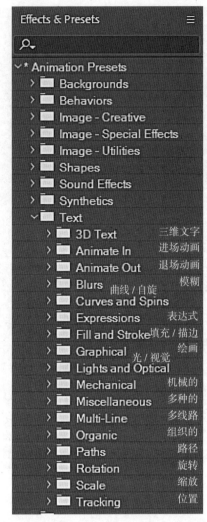

图 4-11　文字动画预设

（4）文字的插件特效，如图 4-12 所示。

图 4-12　文字插件特效

（二）文字特效应用

1. 案例：金属扫光文字动画

STEP01

新建 Composition（合成），命名为"金属文字"。设置 Width（宽度）为 720px，Height（高度）为 576px，Frame Rate（帧速率）为 25，Resolution 为 Full，Duration 为 0:00:05:00（持续时间 5 秒），背景为黑色，如图 4-13 所示。

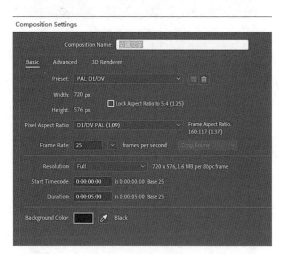

案例：金属扫光文字动画

案例：金属扫光文字动画素材

图 4-13　新建"金属文字"

STEP02

新建 Solid（固态层），命名为"背景"，如图 4-14 所示。添加渐变特效：在 Effect&Presets（特效 & 预设）中添加 Effect（效果）—Generate（生成）—Gradient Ramp（梯度渐变），如图 4-15 所示。

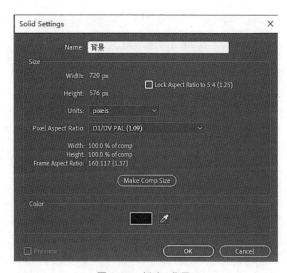

图 4-14　新建"背景"

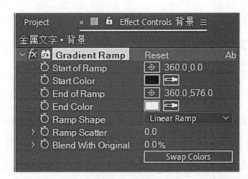

图 4-15 梯度渐变参数

STEP03

在合成面板中输入文字 After Effects，然后设置字体和大小，如图 4-16 所示。

图 4-16 文字效果

STEP04

添加文字层效果。给文字分别添加以下特效：Bevel Alpha（斜面 Alpha）、CC Light Sweep（CC 扫光）、Radial Shadow（径向阴影）。Bevel Alpha（斜面 Alpha）的 Edge Thickness（边缘厚度）为 6.50，light Angle（灯光角度）为 −46.0°，Light Intensity（灯光强度）为 0.65，如图 4-17 所示。

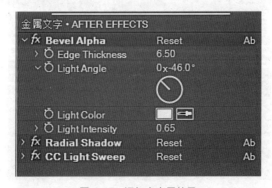

图 4-17 添加文字层效果

STEP05

CC Light Sweep：CC 扫光与 Radial Shadow 阴影各项参数如图 4-18 所示。

图 4-18　参数设置 W

STEP06

如果要有淡淡的光晕扫光效果，把时间指针拖到 2 秒位置，然后将 CC Light Sweep（CC 扫光）效果的 Direction（方向）前面的打开，设置关键帧，可将中心点从最左端设置动画挪到最右端。在时间指针拖到 2 秒的时候设置 Direction（方向）为 90 度，在时间指针拖到 4 秒的时候设置 Direction（方向）为 248 度，如图 4-19 所示。

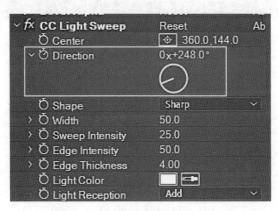

图 4-19　效果设置

STEP07

如果需要明显的扫光效果，从这步骤开始制作扫光效果，首先按快捷键 Ctrl+D 复制该文字层，并隐藏原来的文字层，如图 4-20 所示。

图 4-20　制作扫光效果

STEP08

添加特效 Radial Blur（径向模糊），在 Effect&Presets（特效 & 预设）中添加 Effect（效果）—Blur&Sharpen（模糊）—Radial Blur（径向模糊），具体参数设置如图 4-21 所示。

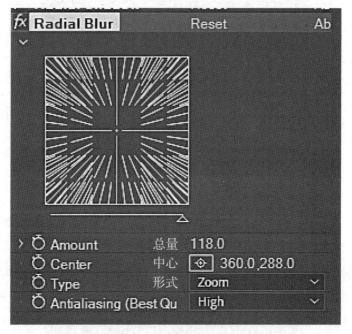

图 4-21　设置参数

STEP09

把时间指针拖到最开始位置，然后将 Radial Blur（径向模糊）效果的 Center（中心点）前面的 ⏱ 打开，设置关键帧，可将中心点从最左端设置动画挪到最右端。在时间指针拖到 0 秒的时候设置 Center（中心）为 124.0，292.0，在时间指针拖到 4 秒的时候设置 Center（中心）为 576.0，292.0，如图 4-22、图 4-23 所示。

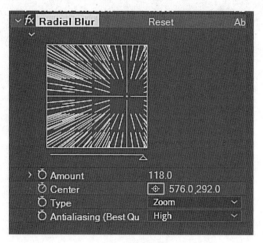

图 4-22　设置参数

图 4-23　视觉效果

STEP10

为了增强光的效果，可以再添加一个 Glow（辉光）效果，在 Effect&Presets（特效 & 预设）中添加 Style（风格化）—Glow（辉光），并把它拖到第二个文字层上，如图 4-24 所示。

图 4-24　增强光效

2. 案例：数字矩阵

数字矩阵效果如图 4-25 所示。

案例：数字矩阵

案例：数字矩阵素材

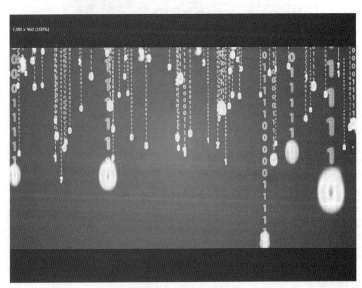

图 4-25　数字矩阵

STEP01

新建 Composition（合成），命名为"取样 1"，设置 Width（宽度）为 200px，Height（高度）为 200px，Frame Rate（帧速率）为 25，Resolution（分辨率）为 Full，Duration 为 0:00:05:00（持续时间 5 秒），背景为黑色，如图 4-26 所示。

图 4-26　新建"取样 1"

STEP02

输入 0，字体大点，选绿色。加入文字特效 Animate（动画）—Character Offset（字体重置）。

输入表达式（Alt+ 码表 ⏱ ）：posterizeTime（10）；Math.round（random（0，9）），即每秒变换次数随机，让它在 0 至 9 之间变动，如图 4-27 所示。

（a）

（b）

图 4-27　设置及效果

STEP03

添加网格特效，Generate（生成）—Grid（网格），可适当调节网格大小 Blending Mode（混合模式），选择叠加（overlay），网格大小可以由 Anchor 和 Corner 两个点控制，如图 4-28 所示。

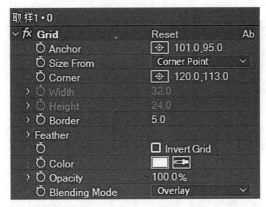

图 4-28　添加网格特效

STEP04

按快捷键 Ctrl+D 复制特效 Grid2，然后调整 Feather（羽化）—Width（横向）/ Height（纵向）网格的羽化值为 3.0，Border（边缘值）为 13.0，Blending Mode（混合模式）选择 Stencil Alpha 通道，如图 4-29 所示。

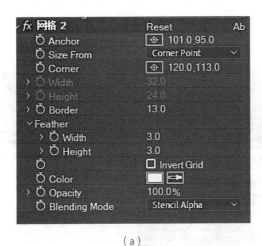

（a）

（b）

图 4-29　参数设置及效果

STEP05

给这一层再加一个层的特效：Layer（图层）—layer Style（图层风格—Outer Glow（外部发光）。

Color（颜色）为白色，Opacity（透明度）为100%，Size（大小）为15.0。取样1是作为数字矩阵开头的地方，如图所示。

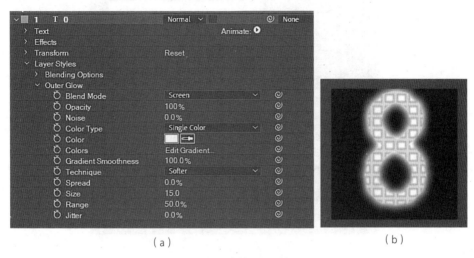

（a）　　　　　　　　　　　　　　　　（b）

图 4-30　参数设置及效果

STEP06

回到 Project（项目）中，将取样1合成复制，命名为"取样2"，双击打开，把表达式（按快捷键 U 键）打开，表达式中10改为2，（0，9）改为（0，1），如图4-31所示。

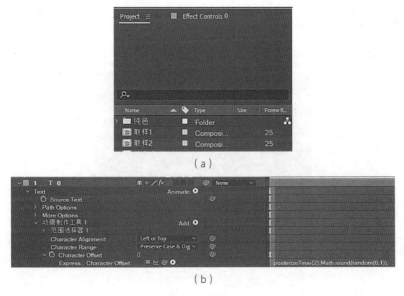

（a）

（b）

图 4-31　设置参数

STEP07

新建 Composition（合成），命名为"总合成"，设置 Preset 为 HDV / HDTV 720 25，Width 为 1280，Height 为 720px，Duration 为 10s，拖进取样 2（置于上层），取样 1 置于下层，取消可视性（关眼睛），如图 4-32 所示。

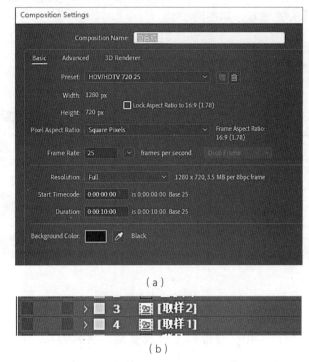

（a）

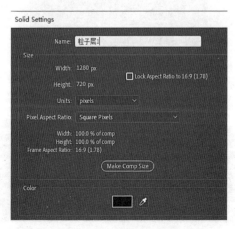

（b）

图 4-32　新建"总合成"

STEP08

新建固态层（solid），加特效 Trapcode—Particular（粒子，外置插件），如图 4-33 所示。

图 4-33　新建"粒子层"

STEP09

打开 Emitter（发射器），选择 Emitter Type（发射器形式）为 Box（盒子），选择 Emitter Size（发射器大小）为 XYZ Individual（XYZ 分别），Emitter Size X: 4500，Emitter Size Y: 2500，Emitter Size Z: 10000，如图 4–34 所示。

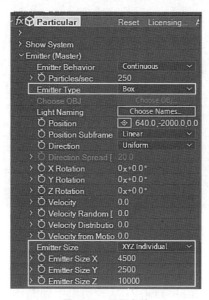

图 4-34　设置参数

STEP10

将 Velocity（速度）相关的都设为 0（粒子只是产生，不发生运动，为了之后数字的下坠），粒子数量 Particles/sec（每秒粒子数量）设置为 250，如图 4–35 所示。

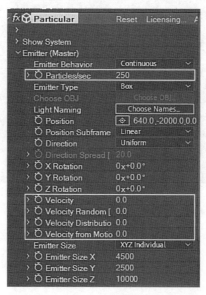

图 4-35　设置参数

STEP11

进入 Particle Life（粒子生命，将 Life 生命值往上调大些），Particle Type（粒子形式）设置为 Sprite，Texture 贴图选为取样 1，Size（大小）设置为 60.0，如图 4-36 所示。

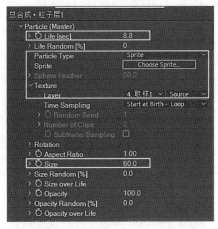

图 4-36　设置参数

STEP12

由于取样 1 的时间线和固态层的时间线不一样，偏短，所以要在 Time Sampling（时间样本）中选择 Start at Birth-LOOP（从开始出生到循环），如图 4-37 所示。

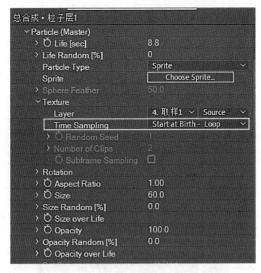

图 4-37　选择 Start at Birth-LOOP

STEP13

把粒子层 1 整个混合模式换成 Add（相加），接下来打开粒子特效中的 Physics（物理性），Air（风力）用风力场影响数字，Wind Y 为 500.0，如图 4-38 所示。

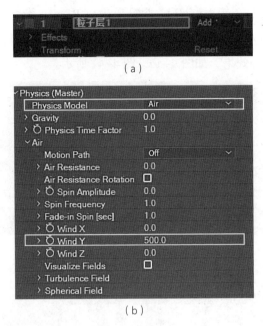

图 4-38　设置参数

STEP14

回到 Emitter（发射器）—PositionXY：640.0，-2000.0，如图 4-39 所示。

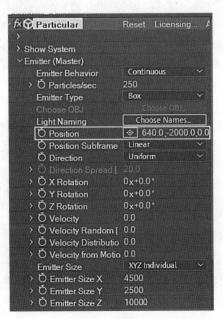

图 4-39　设置参数

STEP15

做绿色渐变背景，新建 Solid（固态层），拖到图层最下面，给予特效 Gradient Ramp（梯度渐变），Generate（生成）—Gradient Ramp（梯度渐变），选择 Ramp Shape（渐变形态）为 Radial Ramp（辐射渐变），调整 Start of Ramp（渐变开始）和 End of Ramp（渐变结束），中间向外发射。内部为深绿 R:0，G:134，B:4，外部为墨绿 R:0，G:45，B:0，达到中间亮，四周暗的效果，如图 4-40、图 4-41 所示。

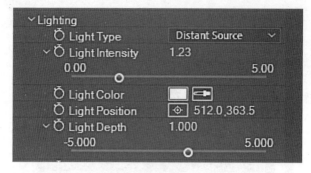

图 4-40　做绿色渐变背景

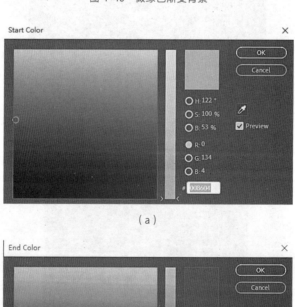

（a）

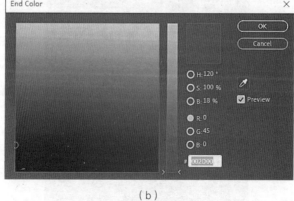

（b）

图 4-41　参数设置

STEP16

回到第一层 Solid 的粒子特效中，打开 Rendering（渲染）—Motion Blur（运动模糊）—On（开），选择 Type（形式）为 Subframe Sample，Levels（段数）为 16，Opacity Boost（不透明提升）为 2，如图 4-42 所示。

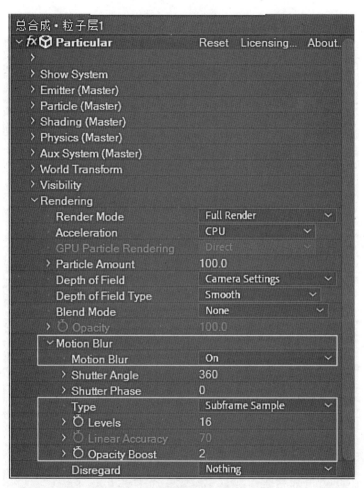

图 4-42　粒子特效层设置

STEP17

进入辅助系统，Aux System（辅助系统）项选择 Continuously（持续性），Life 为 40.5，Size（大小）为 30，如图 4-43 所示。

打开 Aux System（辅助系统），它的作用是可以点开数字的尾部，可以做下落的粒子。

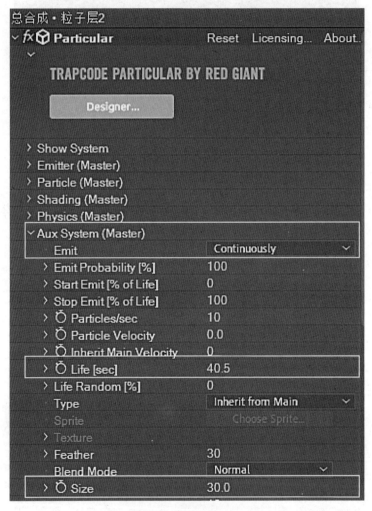

图 4-43　辅助系统设置

STEP18

按快捷键 Ctrl+D 复制粒子层 1，并将复制的粒子层命名为"粒子层 2"。

取样 1 粒子作为粒子最前面的数字：Aux System（辅助系统）全关闭。

取样 2 粒子作为粒子最后面的数字：回到 Particle（粒子），选择 Texture（贴图），将贴图设置成取样 2（原来是取样 1）。

回到 Aux System（辅助系统），让后面数字有随机性，Randomness（随机）—Size Random（大小随机）为 10，Opacity（透明度）为 50，如图 4-44 所示。

（a）

（b）

（c）

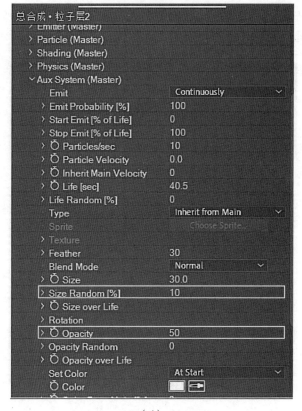

（d）

图 4-44　粒子层 2 设置

第二节 ▶ After Effects 抠像

"抠像"一词来源于早期的电视特效制作，目的是把拍摄素材中的背景替换成符合电视内容需求的背景。

一、抠像的基本原理

抠像技术是通过定义图像中特定范围内的颜色值或亮度值来获取透明通道，当将这些特定的值被键出时，那么所有具有这个相同颜色或亮度的像素都将变成透明状态。将图像抠取出来后，就可以将其运用到特定的背景中，以获得更佳的视觉效果。

操作路径：Effect（效果）—Keying（抠像）。

蓝、绿屏拍摄的目的：在后期制作中，能够清晰地与前景及表演物体区别并分离开。对蓝、绿屏的前期拍摄做得越好，后期抠像质量就越有保证，如图 4-45 所示。

蓝、绿屏拍摄的重要原则是颜色的排他性。

📄 蓝、绿屏拍摄
图片

图 4-45　蓝、绿屏拍摄

决定抠像背景的色彩：介质，看用什么拍。

电影胶片的基本结构是由红、绿、蓝 3 层组成的，从根源上讲红、绿、蓝作为背景色都是可以的。

现代的胶片由 9 层组成，总厚度为 0.00065 英寸，也就是 0.0165 毫米厚。排列的顺序是蓝、绿、红和基础层，蓝色在最上方，如图 4-46 所示。在三色之间的涂层是为了保护各自颜色不受影响。

📄 胶片结构图片

图 4-46　胶片结构

后期抠像的基本原理，即找出画面前后景别颜色、明度的区别。比如使用色度键抠像（Chroma Key），在背景上选取蓝或绿的样本，然后把画面中所有与样本相同或相近的颜色选出进行分离。抠像的方法很多，有明度抠像（Luma Key）、颜色键抠像（Color Key）、差异蒙版抠像（Difference Mate）、溢出抠像（Spill Supperssor）、线性颜色抠像（Linear Color Key）等等。这些技术是根据前期拍摄素材的不同而分别或综合使用的。如果前期拍摄没有把握好，后期也很难制作得精彩。

ISO：90、100、120。ISO 值越大噪波越大。绿色噪波最小，因此胶片一般不用蓝背景，而用绿背景抠像。

例如：需要拍摄与军队有关的镜头，士兵穿着绿色的军装，并涂有绿色的伪装图案，选蓝色背景；而未来科幻题材镜头，蓝色调使用得多的镜头，需要绿色背景。

这样做的目的就是要把前景物体元素从背景中分离出来。

抠像时，边缘不可能完全干净，会有色彩溢出现象。

合成背景很亮：（明度比较高）绿色有优势。

合成背景很暗：（明度比较低）蓝色有优势。

与背景色相关，如：蓝天合成背景——蓝抠像，绿地合成背景——绿抠像。

人与背景的距离最好在 6 米以上，否则轮廓边缘有色彩溢出现象（背景反射）。肤色与背景选用如表 4-1 所示。

表 4-1　肤色与背景

亚洲人		欧洲人		总结
蓝屏：黄皮肤　增白		蓝屏：白皮肤（紫）	肤色正常	黄种人：一般用蓝色背景抠像
绿屏：黄皮肤　肤色不好		绿屏：白皮肤（紫）	肤色正常	白种人：一般用绿色背景抠像

Keying 模式如图 4-47 所示。

Keying	>	Advanced Spill Suppressor	高级溢出抑制器
Matte	>	CC Simple Wire Removal	CC 简单威亚擦除
Noise & Grain	>	Color Difference Key	颜色差之键
Obsolete	>	Color Range	色彩范围
Perspective	>	Difference Matte	差异蒙版
RG Trapcode	>	Extract	提取
Red Giant	>	Inner/Outer Key	内外部键
Simulation	>	Key Cleaner	抠像清除器
Stylize	>	Keylight (1.2)	Keying 抠像应用
Text	>	Linear Color Key	线性颜色键

图 4-47　Keying 模式

Advanced Spill Suppressor（高级溢出抑制器）：可用于去除抠像效果的前景主色溢出，包含 "Standard"（标准）和 "Ultra"（极致）两种方式。

CC Simple Wire Removal（CC 简单威亚擦除）：可用于威亚擦除，通过指定 AB 点的坐标，简单地移除中间的线。移除方式为线两边像素融合。

Color Difference Key（颜色差值键）：可以精确地抠取蓝屏或绿屏前拍摄的镜头，尤其适合抠取具有透明和半透明区域的图像，如烟、雾、阴影等。

Color Range（色彩范围）：可以在 Lab、YUV 或 RGB 任意一个颜色空间中通过指定的颜色范围来设置键出颜色。使用 Color Range 滤镜对抠除具有多种颜色构成或是灯光不均匀的蓝屏或绿屏背景非常有效。

Difference Matte（差异蒙版抠像）：可以将源图层（图层 A）和其他图层（图层 B）的像素逐个进行比较，然后将图层 A 和图层 B 相同位置及相同颜色的像素键出，使其成为透明像素。

Extract（提取）：可以将指定的亮度范围内的像素键出，使其变为透明像素。该滤镜适合抠除前景和背景亮度反差比较大的素材。

Inner / Outer Key（内、外部键）：可用于抠取毛发。使用该滤镜时，需要绘制两个遮罩，一个用来定义键出范围内的边缘，另外一个遮罩用来定义键出范围之外的边缘，AE 会根据这两个遮罩间的像素差异来定义键出边缘并进行抠像。

Key Cleaner（抠像清除器）：可用于恢复通过抠像滤镜抠出的场景中的 Alpha 通道细节。

Keylight（Keylight 抠像应用）：此滤镜相当重要，使用此滤镜可以轻松地抠取带有阴影、半透明或毛发的素材，并且还有溢出抑制功能，可以清楚键出蒙版边缘的溢出颜色，这样可以使前景和合成背景更加自然地融合在一起。

Linear Color Key（线性颜色抠像）：可以将画面上每个像素的颜色和指定的键控色（即被键出的颜色）进行比较，匹配就会完全被键出。

二、蓝绿屏抠像技法

案例：魔法手视频

STEP01

案例：魔法手视频

新建 Composition（合成），命名为"手"，Width（宽度）为 1920px，Height（高度）为 1080px，Frame Rate（帧速率）为 25，Resolution（分辨率）为 Full，Duration 为 0:00:06:00（持续时间 6 秒），背景为黑色，如图 4-48 所示。

案例：魔法手视频素材

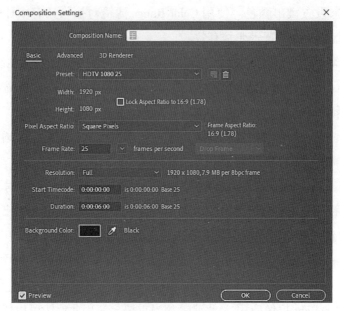

图 4-48 新建"手"

STEP02

导入魔法手素材 .mov、手火素材 .mov，并将魔法手素材拖入时间线。要求把魔法手素材中右半边的手臂直接抠掉，然后运用钢笔工具 ![笔] 抠像，给魔法手素材建立蒙版，如图 4-49 所示。

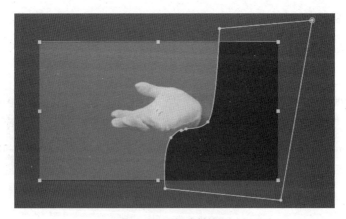

图 4-49 导入素材效果

STEP03

在魔法手素材视频中加入特效 Keylight，Effect（效果）—Keying（抠像）—Keylight—Screen Color（屏幕颜色），选择其右边的吸管工具，移动鼠标到素材背景的绿布上取样。此时，仔细观察，会发现画面中仍有一些瑕疵没有处理好，如图 4-50 所示。

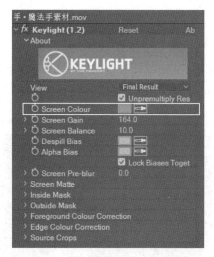

图 4-50　特效 Keylight

STEP04

展开 Screen Color（屏幕颜色）—Screen Gain（屏幕增益）和 Screen Balance（屏幕平衡），通过调整这两个参数的数值可以观察到合成窗口中的变化。在调节的同时，可以在 View（预览）中选择 Screen Matte（屏幕蒙版）或 Combine Matte（合并蒙版）以黑白图像区分前景和背景，如图 4-51、图 4-52 所示。

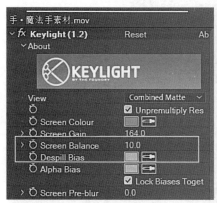

图 4-51　设置参数

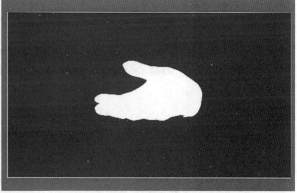

图 4-52　效果预览

STEP05

调节 Screen Matte（屏幕蒙版）的参数来优化合成窗口中的前景元素。将 View（预览）模式重新调回到 Final Result（最终效果）模式，此时可以看到前景的边缘被一圈黑边包围。要解决这个问题需要找到 Screen Matte（屏幕蒙版）下的 Screen Shrink / Grow（屏幕收缩 / 增益），并调节数值至 –1.5，如图 4-53 所示。

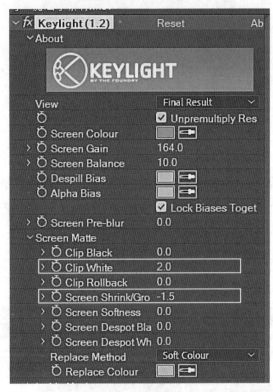

图 4-53　设置参数

STEP06

新建 Solid（固态层），加入特效 Ramp（生成—渐变），做为背景层，如图 4-54 所示。

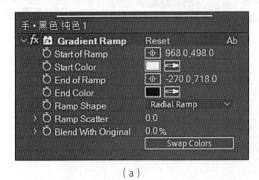

（a）

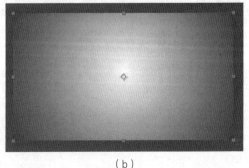

（b）

图 4-54　特效设置及效果

STEP07

　　将手火素材拖入时间线，并加入特效 Effect（效果）—Keying（抠像）—Color Range（色彩范围）。运用吸管，吸取背景黑色，并调节相关参数，如图 4-55 所示。

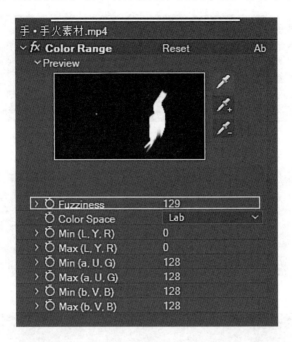

（a）

（b）

图 4-55　特效设置及效果

STEP08

加入文字"FIRE"，并为其设定动态关键帧。在 2 秒的时候，设定 Scale（缩放）为 0%，在 5 秒的时候，设定 Scale（缩放）为 100%，如图 4-56 所示。

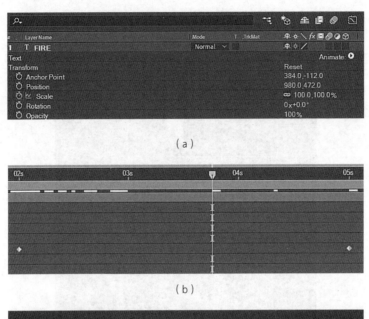

（a）

（b）

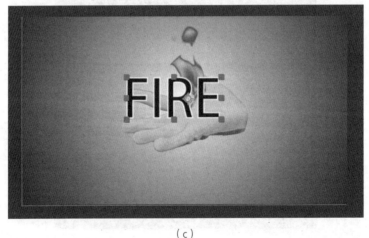

（c）

图 4-56 文字"FIRE"设置及效果

第三节 ▶ After Effects 常用第三方插件

Adobe 的开放接口使得许多第三方插件的开发商可以自由地开发出功能各异的

插件，供用户购买或免费使用 . 其中比较经典的有 Red Giant 公司开发的 Trapcode 套件，该套件中包含了 8 种实用插件，如 Particular、Form、Shine、3D Stroke 等，还有 VideoCopilot 公司开发的 Optical Flare、Element 3D 等插件。

一、AE 插件的安装

（1）AE 插件的扩展名为 AEX（有些是小写的 aex），插件文件统一存放在软件根目录的 Plug-ins 文件夹下，如图 4-57 所示。

根据 AE 的具体版本而定

| (C:) › Program Files › Adobe › Adobe After Effects CC 2018 › Support Files › Plug-ins › |

名称	修改日期	类型	大小
Effects	2019/5/11 13:23	文件夹	
Extensions	2019/5/11 13:23	文件夹	
Format	2019/5/13 20:41	文件夹	
Keyframe	2019/5/11 13:23	文件夹	
MAXON CINEWARE AE	2019/5/11 13:23	文件夹	
Trapcode	2021/2/8 15:30	文件夹	
VideoCopilot	2019/9/5 20:17	文件夹	

图 4-57　AE 插件目录

（2）只需要把购买的或者网上下载的插件复制到 Plug-ins 文件夹下就可以自动被 AE 识别到。插件安装完成后，可以打开 AE 菜单栏中的 Effect 效果，在里面找到对应的分类后便可使用该插件。

（3）为方便用户安装，有些带有示例工程和预设的插件集被制作成一个可安装的应用程序，这样用户便可像安装一个软件那样来安装插件。如果没安装成功则会出现叉号。

二、AE 常用第三方插件

（一）Trapcode 插件下载（红巨星套装插件）

1. Particular

Particular 是强大的粒子系统，强烈推荐用来取代 AE 内置的粒子系统。可调的地方非常多，难得的是速度还不慢。

2. Shine

Shine 是速度飞快的体积光插件。很多人都会用这个滤镜作出扫光，下一步需要大家发挥创意，发掘出更多的用法。

3. Starglow

Starglow 可以生成星辉型的光芒，颜色调得好的话会有梦幻般的效果。

4. 3D Stroke

3D Stroke 产生无尽变换的秘诀在于这个滤镜名字中的 "3D"，如果还不会在三维空间内变化这个滤镜生成的线条，那就还不算真正掌握这个插件。

5. Sound Keys

Sound Keys 与 Expression 结合，可用来生成与音乐融合的视觉效果。

6. Lux

Lux 可渲染 AE 中的点光或方向光，使光源可见或者生成体积光的效果。

7. Echospace

这是新发布的滤镜，其作用是为 3D 图层加上类似 Echo 滤镜的效果。

（二）mocha 插件软件

一款独立的 2D 跟踪软件，基于图形独特的 2.5 平面跟踪系统。mocha 作为一种低成本的有效跟踪解决方案，具有多种功能，其二维立体跟踪能力，即使在最艰难的短片拍摄，也可节省大量时间和金钱。mocha 是一个单独的二维跟踪工具软件，它可以使影视特效合成艺术家的生活变得更容易。mocha 是致力于商业、电影、企业影片后制作的一款工具，它的直觉画面简单易学用，具有工业标准 2.5D 平面的追踪技术，与使用传统工具相比，它能提供比通过传统工具的制作方法还要快 3—4 倍的速度，建立高品质影片。

（三）Plexus 2 超强的三维粒子插件

Plexus 2 是的一款比较时尚的具有科技感的粒子插件，制作点线面三维粒子效果非常方便，渲染速度快，同时直接提供多种自定义特效、分形、颜色、球形场和阴影。这款插件比其他同类型插件更强大、渲染更快、操作更简捷，可以轻松创建个性漂亮的动画，支持 AE 摄像机和灯光，支持景深和 32 位色彩深度，支持 Cinema 4D 的 OBJ 文件导入。

注：从 Plexus 2.0 起就只支持 CS5（及以上版本）的 AE 版本。

（四）video copilot 公司的 AE 插件

1. Optical Flares（镜头光晕耀斑插件）

该插件可以制作动画效果逼真的镜头耀斑灯光特效。Optical Flares 因功能强大、操作方便、效果绚丽、渲染速度迅速，备受大家的喜爱，拥有完整的独立界面，多种预设。

2. Element 3D（三维模型插件）

Element 3D 简称 E3D，是一款强大的真实三维效果的 AE 插件，支持 3D 对象在 AE 中直接渲染或使用。使用它可以让你在 AE 中更加简单快速地完成项目，你可以制作出更多场景、材质，添加灯光，甚至作出相机动画和变化，无需像传统的三维软件重新渲染。

（五）案例：水墨动画

本案例针对 AE 第三方流体特效插件 Turbulence 2D 进行相关应用讲解。该插件可以轻松利用多种颜色梯度控制制作出一些流动特效，如火、烟、颜色和纹理等。其中纹理可以扭曲成折射的流体，模拟出逼真和绚丽的自然特效，如烟、火、雾等。除此之外，Turbulence 2D 插件还具有碰撞属性，可以模拟文字或其他物体与流体的碰撞效果。

STEP01

新建 Composition（合成），命名为"水墨动画"，设置时长为 200 帧，Width（宽度）为 1920px，Height（高度）为 1080px，Frame Rate（帧速率）为 25，Resolution（分辨率）为 Full，Duration 为 00200（持续时间 200 帧），背景为黑色，如图 4-58 所示。

案例：水墨动画

案例：水墨动画素材

图 4-58　新建"水墨动画"

STEP02

导入蝴蝶的 PSD 贴图，在导入设置中选择 Composition（合成），这样各个图层的信息就得以保留了，如图 4-59 所示。

图 4-59　导入设置

STEP03

修改蝴蝶贴图合成窗口属性，分别调整宽度和高度的参数，Width（宽度）为 1920px，Height（高度）为 1080px，如图 4-60 所示。打开合成后可以看到图层中有两个图层，分别将它们命名为"翅膀"和"身体"，命名设置及效果如图 4-61 所示。

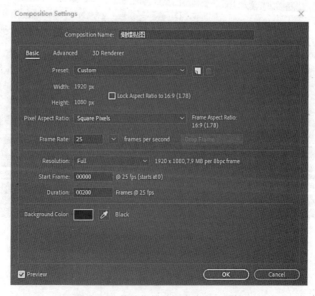

图 4-60　修改蝴蝶贴图合成窗口属性

（a）

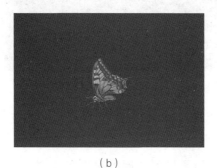

（b）

图 4-61 图层命名及效果

STEP04

调整蝴蝶翅膀动态。为了模拟蝴蝶飞舞动画，需要打开两个图层的三维开关，并将翅膀图层复制一层（Ctrl+D），分别命名为"左翅膀"和"右翅膀"，并将它们排列在左右两边。排列完后，这里要注意的是，要运用定位工具 ，将图层的定位点分别移动到蝴蝶左右翅膀的关节中心处，这样才能正确制作出蝴蝶翅膀扇动的动画，设置及效果如图 4-62 所示。

（a）

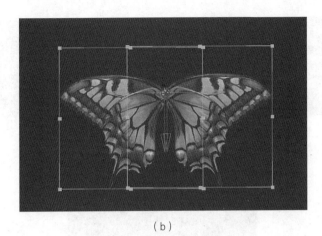

（b）

图 4-62　蝴蝶翅膀动态设置及效果

STEP05

调整蝴蝶身体动态。为了尽可能模拟出真实的蝴蝶，需要把身体图层翻转 90°，再将其放置到两个翅膀的中间，设置及效果如图 4-63 所示。

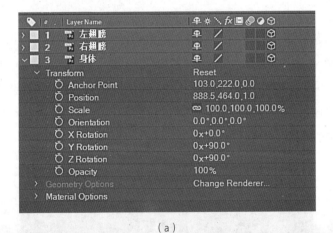

（a）

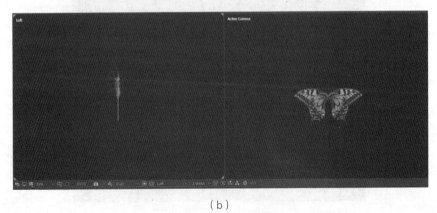

（b）

图 4-63　蝴蝶身体动态设置及效果

STEP06

这样蝴蝶身体的组合已经初步完成了，如果还想进一步进行身体位置的微调，可以进入四视图的预览模式进行调整，如图 4-64 所示。

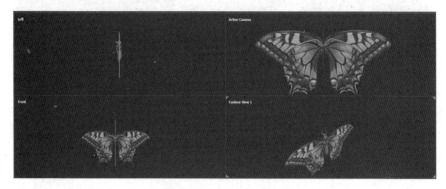

图 4-64　蝴蝶身体位置微调

STEP07

对蝴蝶动画进行设置。给左边翅膀的 Y Rotation（Y 轴旋转）创建 3 个关键帧来模拟翅膀的扇动。关键帧的参数分别是 0 帧：180°、10 帧：250°、20 帧：180°。给右边翅膀的 Y Rotation（Y 轴旋转）创建 3 个关键帧来模拟翅膀的扇动。关键帧的参数分别是 0 帧：–15°、10 帧：85°、20 帧：–15°。

这里需要给翅膀不断重复扇动的动画效果，如果逐个设置关键帧的话比较麻烦，所以这里可以用一个 Loop 循环表达式来表达翅膀循环扇动的动画效果。按住键盘上 Alt 键的同时，单击 Y Rotation（Y 轴旋转）前面的时间码表，然后输入表达式 loopOut（type=“cycle”，numKeyframes=3）。这时，拖动时间线指针，可以发现翅膀已经不停地在运动了。设置及效果如图 4-65 所示。

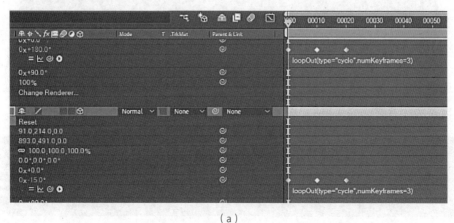

（a）

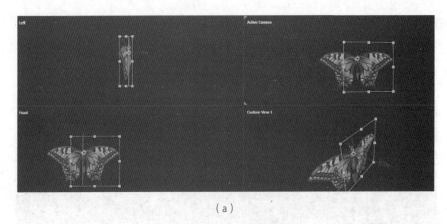

（a）

图 4-65 蝴蝶动画设置及效果

STEP08

此时翅膀部分的动画制作就已经完成了，为了让蝴蝶像真实的蝴蝶那样在空中飞舞，还必须要让整个身体部分动起来，所以这里需要一个控制层来控制蝴蝶整体的运动。新建一个 Null（空物体层），将其命名为"运动控制"，同时打开该层的三维开关，将定位点设定在蝴蝶的中央位置，如图 4-66 所示。

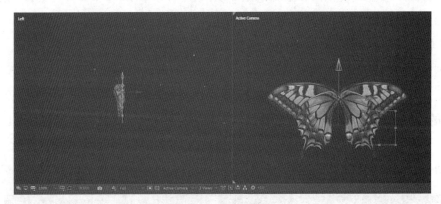

图 4-66 设定定位点

完成定位后，建立各层之间的父子关系，将翅膀图层连接到身体图层，再让身体图层连接到运动控制层，如图 4-67 所示。这样，只要设置好运动控制层的位置，就能让蝴蝶跟随着舞动起来。

● 🔒	🏷	#	Layer Name	⊕ ✿ ＼ fx 🔲 ⦸ ⊘ 🗐	Mode	T	TrkMat	Parent & Link	
> ■		1	🔲 运动控制	⊕ ／ 🗐	Normal ∨			⑳ None	∨
> ■		2	🎞 左翅膀	⊕ ／ 🗐	Normal ∨	None ∨	⑳	4. 身体	∨
> ■		3	🎞 右翅膀	⊕ ／ 🗐	Normal ∨	None ∨	⑳	4. 身体	∨
> ■		4	🎞 身体	⊕ ／ 🗐	Normal ∨	None ∨	⑳	1. 运动控制	∨

图 4-67 身体图层与运动控制层连接

STEP09

新建一个 35mm 的摄像机，并将其调整到合适的角度，如图 4-68 所示。

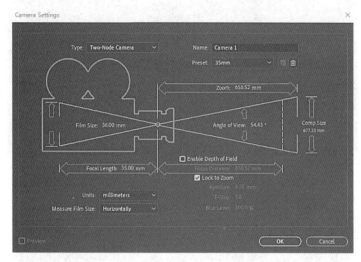

（a）

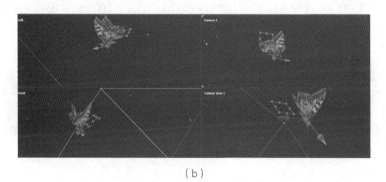

（b）

图 4-68　新建摄像机及效果

STEP10

对运动控制层设置移动路径，移动轨迹可以自由设定，尽可能让移动的轨迹由远及近多一些起伏。给各个关键帧之间设置不一样的时间间隔，这样能使蝴蝶飞舞的速度时快时慢，从而更接近蝴蝶真实的飞行情况，如图 4-69 所示。

（a）

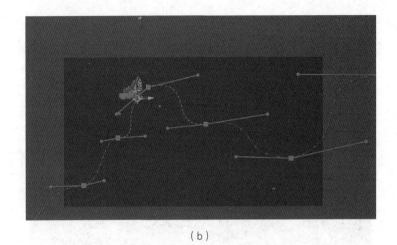

（b）

图 4-69　对运动控制层设置移动路径

　　如果想要让蝴蝶运动效果更加真实，可以考虑在 Position（位置）参数上添加 Wiggle 表达式，从而给动画效果增加一些杂乱感。设置一个较小的偏移数值，输入表达式 Wiggle（1, 30），这里的"1"表示每秒运动一次，"30"表示偏移的最大像素值，如图 4-70 所示。

图 4-70　设置参数

STEP11

　　蝴蝶飞舞动画基本制作完成，下面使用 Turbulence 2D 插件模拟水墨飞舞动画。

　　回到水墨动画合成，把刚才制作好的蝴蝶飞舞合成导入进来。新建一个 Solid（固态层），将其命名为"水墨飞舞"，将其尺寸大小设置为与合成相同，并给该合成添加 Turbulence 2D 特效，如图 4-71 所示。

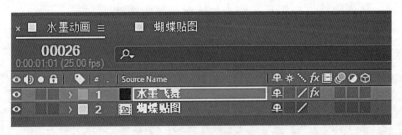

（a）

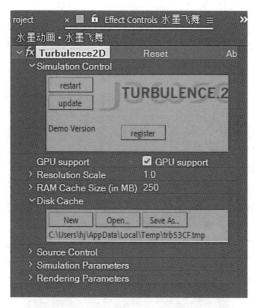

（b）

图 4-71　新建"水墨飞舞"

STEP12

回到 Project（工程）窗口，按键盘上的快捷键 Ctrl+D，将蝴蝶贴图合成复制一层，并将复制所得的合成命名为"蝴蝶贴图 2"，如图 4-72 所示。

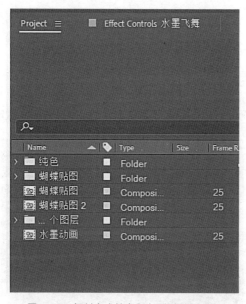

图 4-72　复制合成并命名为"蝴蝶贴图 2"

STEP13

进入蝴蝶贴图 2 合成，将身体图层隐藏起来；增加两个翅膀图层的亮度，给这两个图层添加 Tint（着色）特效，如图 4-73 所示。

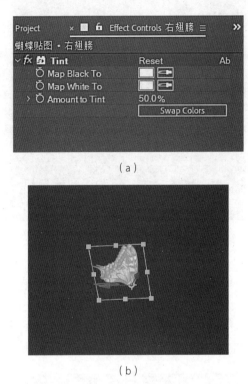

（a）

（b）

图 4-73　添加着色特效

STEP14

观察翅膀的纹理，可以发现翅膀的暗部信息要多于亮部信息，因此要给翅膀图层添加 Invert（反向）特效，并将其放在 Tint（着色）特效的位置之上，如图 4-74 所示。

图 4-74　添加反向特效

STEP15

回到水墨动画合成，把蝴蝶贴图 2 导入该合成中，关闭合成的显示开关，将该合成添加到插件的 Fuel（燃料）层中，插件位置如图 4-75 所示。

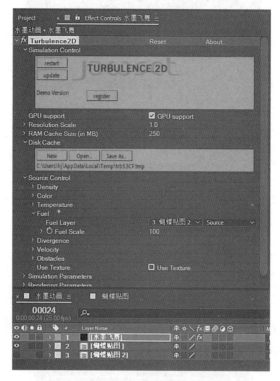

图 4-75 插件位置

STEP16

简单设置后，进行预渲染，预览一下最初的效果，然后可以再次进行相关参数调节，如图 4-76 所示。

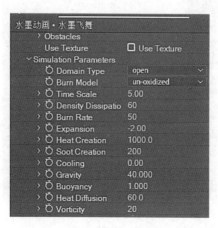

（a）

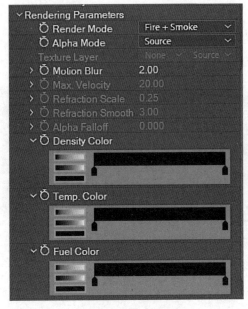

（b）

图 4-76　效果预览及参数调节

STEP17

调整完后，在 Simulation Control 中点击 restart，使其重新渲染，这样就有水墨跟随舞动的效果了，如图 4-77 所示。

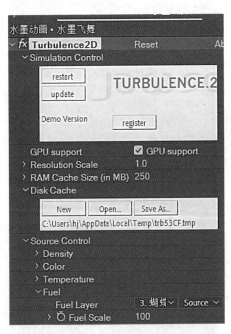

（a）

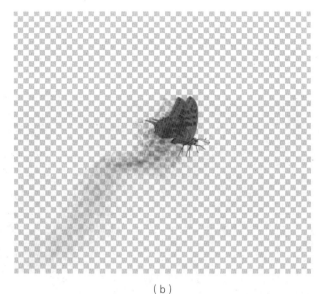

（b）

图 4-77　渲染及水墨舞动效果

STEP18

新建 Composition（合成），命名为"水墨字体"，设置时长为 200 帧，Width（宽度）为 1920px，Height（高度）为 1080px，Frame Rate（帧速率）为 25，Resolution（分辨率）为 Full，Duration 为 00200（持续时间 200 帧），背景为黑色，如图 4-78 所示。

图 4-78　新建"水墨字体"

STEP19

新建一个文字层，输入文字内容"水墨飞舞"；将文本颜色设定为白色并调整字体为方正舒体，如图 4-79 所示。

（a）

（b）

图 4-79　新建文字层"水墨飞舞"及参数设置

STEP20

给文字设置淡入淡出动画。单击快捷键 T，调出 Opacity（透明度）的设置面板。在开头第 0 帧处设置为 0%，结尾第 30 帧处设置为 100%，这两个为关键帧，如图 4-80 所示。

图 4-80　文字淡入淡出动画设置

STEP21

对文字层进行预合成。按下键盘上的快捷键 Ctrl+Shift+C，在弹出的窗口中选择"Move all attributes into the new composition（移动所有属性到新合成）"，如图 4-81 所示。

图 4-81　对文字层进行预合成

STEP22

继续新建一个固态层，将其命名为"水墨层"，如图 4-82 所示；将它的尺寸设置成与合成相同的大小，并给该层添加 Turbulence 2D 特效，如图 4-83 所示。

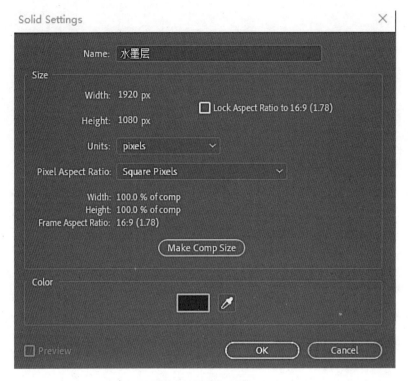

图 4-82　新建"水墨层"

图 4-83　添加 Turbulence 2D 特效

STEP23

把刚才创建好的文字合成导入 Source Control（源控制）的 Fuel Layer（燃料层）中，保持默认的 Fuel Scale（燃料大小）值为 100，然后再把文字合成隐藏起来，如图 4-84 所示。

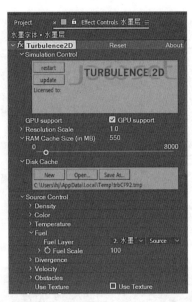

图 4-84　将文字合成导入 Source Control 的 Fuel Layer 中

STEP24

展开 Rendering Parameters（渲染参数）参数项，设置 Render Mode（渲染模式）为 Fire+Smoke（火 + 烟）；把 Alpha Mode（阿尔法模式）设置为 Source（源），并调整流体的颜色，如图 4-85 所示。

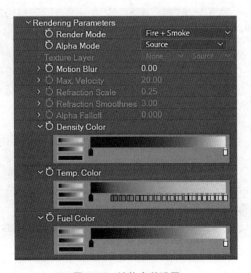

图 4-85　渲染参数设置

STEP25

打开 Simulation Parameters（模拟仿真参数组）面板，对模拟仿真参数进行设置，如图 4-86 所示。单击 restart（重新开始）按钮，预览初始的效果，如图 4-87、图 4-88 所示。

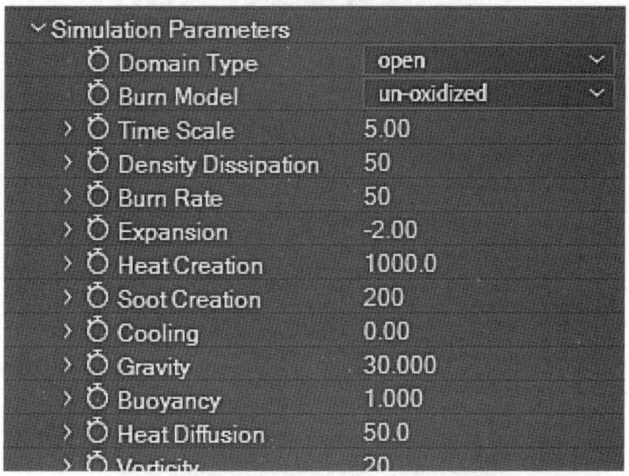

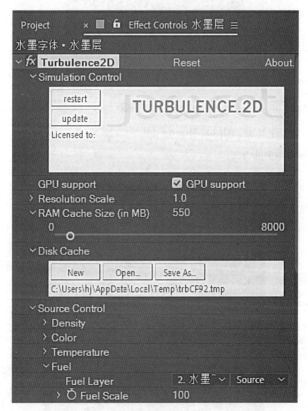

图 4-86　Simulation Parameters 面板及模拟仿真参数设置

图 4-87　单击 restart 按钮

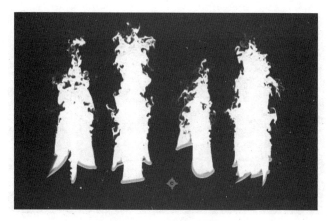

图 4-88　初始效果预览

STEP26

打开 Simulation Parameters（模拟仿真参数组）面板，将 Gravity（重力）和 Buoyancy（浮力）从第 0 帧设置为 0.000，到第 30 帧设置为 20.000 和 0.500，两处设置为关键帧，如图 4-89 所示。

打开 Density Color 调整颜色为黑色，如图 4-90 所示。完成以上设置后，需要单击 restart（重新开始）按钮，预览调整效果，如图 4-91 所示。

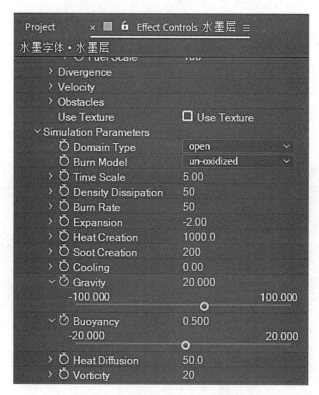

图 4-89　Gravity 和 Buoyancy 参数设置

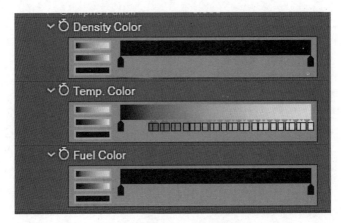

图 4-90　Density Color 设置

图 4-91　预览调整效果

STEP27

将水墨字体合成导入水墨动画合成中，并给其添加一个背景图层，并根据需要可以返回水墨字体合成，调整其水墨展现效果，如图 4-92、图 4-93 所示。

○|●)●合	◆	#	Source Name		4 ✦ ＼ fx ▣ ◎ ○ ◎	Mode		T
○		> ▦	1	🖼 水墨字体		4 　＼	Normal	∨	
○		> ▦	2	🖼 水墨飞舞		4 　＼ fx	Normal	∨	
○		> ▦	3	🖼 蝴蝶贴图		4 　＼	Normal	∨	
○		> ▦	4	🖼 蝴蝶贴图2		4 　＼	Normal	∨	
○		> ▦	5	📄 1.png		4 　＼ fx	Normal	∨	

图 4-92　将水墨字体合成导入水墨动画合成

图 4-93　水墨展现效果

三、粒子特效

粒子特效的出现是近年来随着计算机软件技术的发展而产生的一项新兴技术。粒子特效是通过粒子系统将无数的单个粒子进行组合而制作出来的。粒子系统可以使无数个粒子组合起来，并使这些粒子呈现出各种形态，它可以模拟现实中的水、火、雾、气等效果，也可以制作出各种现实中不存在的抽象形态。

（一）AE 内置粒子系统

1．Particle Playground 粒子特效

Particle Playground 可以自定义粒子和简单地模拟真实的粒子运动。它属于二维粒子系统，所以不支持摄像机运动。

2．CC Particle World 三维粒子运动

CC Particle World 是目前 AE 内置粒子系统中功能最强大的特效插件，它不仅可以自定义粒子的形状、发射器类型，还能模拟出多种真实的物理效应，如粒子爆炸、粒子龙卷风、粒子火焰等。它同时支持摄像机运动，是比较常用的粒子插件之一。

3．Foam 泡沫特效

Foam 是专门用于制作各种气泡的特效插件，它可以通过设置参数来调节出各种不同的物理运动方式，甚至可以通过导入贴图的亮度信息来控制粒子运动的轨迹和形式。

它与其他粒子系统不同的是：该插件属于专项粒子系统，可以生成具有无规律抖动效果的粒子泡泡，并制作出如同真实泡泡在空中飞舞的效果。

4．Shatter 碎片特效

Shatter 是 AE 内置的一款功能强大的爆炸与碎裂插件，它不仅能够快速地制作出

各种不同的碎片爆炸特效，还能简单地模拟出平面的挤压效果。它支持摄像机运动，常常被用来制作立体元素与 3D 文字。

5．CC Ball Action 小球状粒子化

CC Ball Action 是一款功能强大的图像粒子化特效插件。它能将画面粒子化，把画面中的元素细分成小球元素，并通过调节参数让小球模拟出各种物理运动效果。

（二）案例：文字破碎动画

破碎特效是影视后期制作中的一个重要点，在很多电影、电视作品中经常可以看到类似的特效镜头，如高楼大厦的爆裂倒塌、飞机的解体和子弹穿过杯子后所产生的破碎效果等，如图 4-94 所示。破碎效果可以增强画面的震撼力，使其更具视觉冲击力。

案例：文字破碎动画

案例：文字破碎动画素材

图 4-94　破碎特效

碎片在墙上从左向右依次脱落，慢慢显示出文字的形状，整个动画的效果立体逼真，如图 4-95 所示。难点：如何使碎片刚好沿着文字区域脱落并恰好显示出文字的形状。

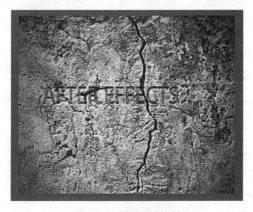

图 4-95　增加滑块控制

STEP01

新建 Composition（合成），命名为"背景墙"，Width（宽度）为 720px，Height（高度）为 576px，Frame Rate（帧速率）为 25，Resolution（分辨率）为 Full，Duration 为 00100（持续时间 100 帧），背景为黑色，导入素材墙背景 .jpg，并设置 Scale（缩放）为 80%，如图 4-96 所示。

注意：帧数和秒的切换在文件菜单—工程设置（Ctrl+Alt+Shift+K），然后打开工程设置面板，在里边将显示风格中的"帧"选中 File（文件）—Project Settings，然后选中弹出面板的 Frames。

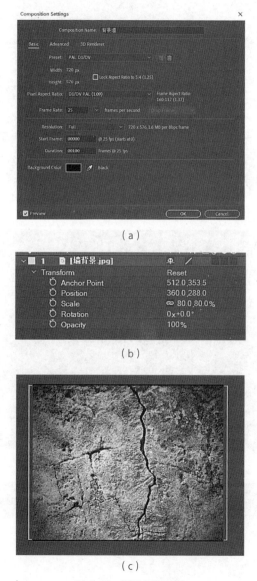

（a）

（b）

（c）

图 4-96　新建"背景墙"

STEP02

新建 Composition（合成），命名为"裂纹字组合"，Width（宽度）为 720px，Height（高度）为 576px，Frame Rate（帧速率）为 25，Resolution（分辨率）为 Full，Duration 为 00100（持续时间 100 帧），背景为黑色，打入文字"AFTER EFFECTS"，并导入裂痕素材 .png，置于文字层上面，如图 4-97 所示。

（a）

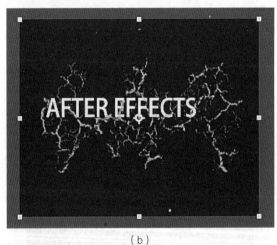

（b）

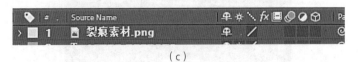

（c）

图 4-97　新建"裂纹字组合"

STEP03

对合成中的两个元素着色。新建 Adjustment Layer（调节层），置于最上层。加入 Effect（特效）—Generate（渲染）—Fill（填充）。Color（颜色）—RGB: 138, 138, 138 灰色，设置及效果如图 4-98 所示。

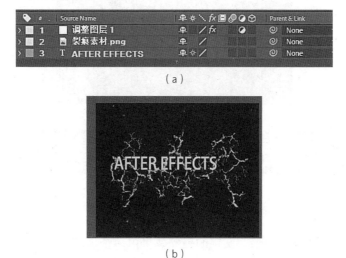

（a）

（b）

图 4-98　元素春色

STEP04

新建 Composition（合成），命名为"破碎纹理"，Width（宽度）为 720px，Height（高度）为 576px，Frame Rate（帧速率）为 25，Resolution（分辨率）为 Full，Duration 为 00100（持续时间 100 帧），背景为黑色。

将之前背景墙合成和裂纹字组合合成拖入新建合成，背景墙放入最后，为了使文字具有背景墙的纹理效果，使这一图层的蒙板设为 Alpha Matte（裂纹字组合），这样文字就有了背景墙，同时背景墙图层作为蒙板消失，如图 4-99 所示。

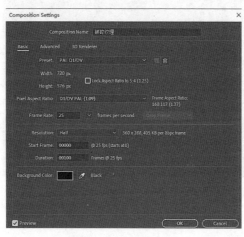

（a）

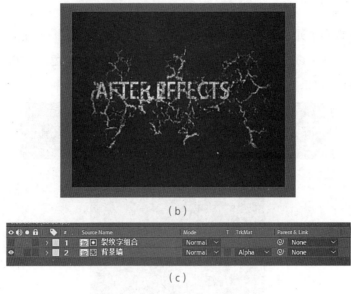

（b）

	#	Source Name	Mode	T	.TrkMat	Parent & Link
	1	裂纹字组合	Normal			None
	2	背景墙	Normal		Alpha	None

（c）

图 4-99　新建"破碎纹理"

开始制作文字的破碎效果。文字的破碎效果由多个破碎合成组合，这样可以使得破碎效果的细节更丰富。

STEP05

新建 Composition（合成），命名为"破碎"，Width（宽度）为 720px，Height（高度）为 576px，Frame Rate（帧速率）为 25，Resolution（分辨率）为 Full，Duration 为 00100（持续时间 100 帧），背景为黑色。

将之前的破碎纹理合成拖入新建的合成，将作为破碎的主合成，如图 4-100 所示。

（a）

（b）

图 4-100　新建"破碎"

选中破碎纹理图层，Effect（特效）—Simulation（仿真）—Shatter（破碎），视图为默认线框，以防渲染占用内存。

Pattern（图案）设置为 Glass（玻璃），碎片的效果就更加随机化和多样化。

Repetitions（重复）为 60.00，Extrusion Depth（挤压厚度）为 0.10，Force 1（力 1）—Depth（厚度）为 0.05，Radius（半径）为 0.20，Strength（力量）为 0.50，如图 4-101 所示。

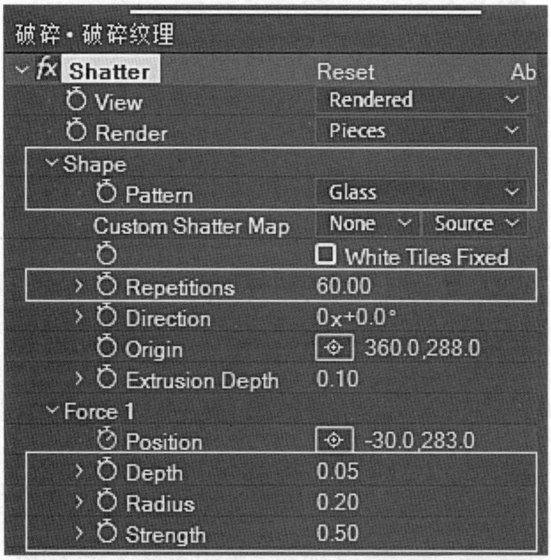

图 4-101　参数设置

展开 Force 1，给 Position（位置）设置关键帧，将指针拖到第 10 帧，展开 Position（位置）将其设置为（-30.0，283.0）；再将指针拖到第 83 帧，将 Position（位置）设置为（650.0，283.0），如图 4-102 所示。

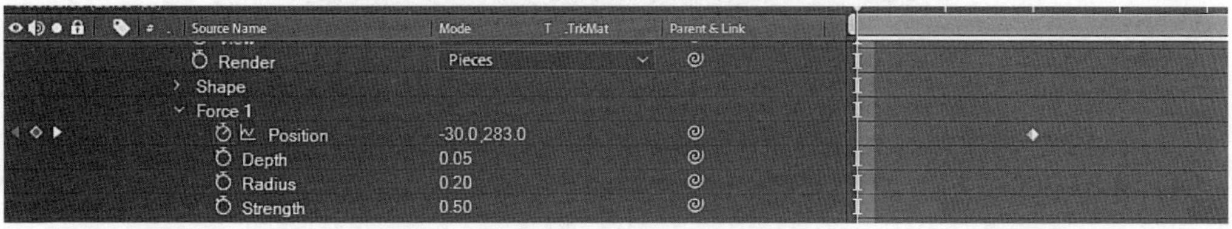

图 4-102　设置关键帧

继续调节碎片参数。展开 Physics（物理），Rotation Speed（旋转速度）：1，Randomness（随机度）：1，Mass Variance（质量方差）:25%，Render（渲染）设为Pieces（片状），调节效果如图 4-103 所示。

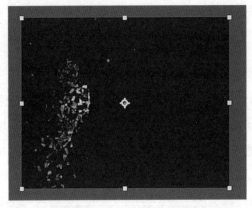

图 4-103　碎片调节器

STEP06

回到项目主板，选破碎合成，Ctrl+D 复制一层，将其命名为"破碎遮罩"，如图4-104 所示。

图 4-104　新建"破碎遮罩"

展开 Force 1（力 1），将 Strength（力量）设置为 0。

展开 Physics（物理学），将 Rotation Speed（旋转速度）、Randomness（随机度）和 Viscosity（黏度）和 Gravity（重力）设为 0.00，这样就得到一个文字的显示动画了，如图 4-105 所示。

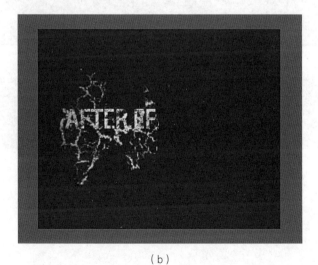

（a）

（b）

图 4-105　参数设置及显示动画效果

STEP07

新建 Composition（合成），命名为"镂空 LOGO"，Width（宽度）为720px，Height（高度）为576px，Frame Rate（帧速率）为25，Resolution（分辨率）为 Full，Duration 为 00100（持续时间 100 帧），背景为黑色。

将裂纹组合和破碎遮罩两个合成导入新建的合成窗口中，破碎放在最上方。

选中裂纹字组合图层，将其轨道蒙板设为 Alpha Matte（破碎遮罩），如图 4-106 所示。

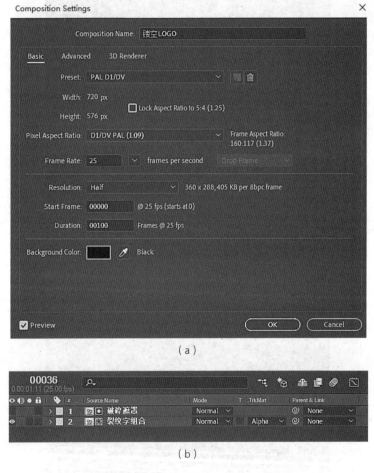

（a）

（b）

图 4-106 新建"镂空 LOGO"

STEP08

新建 Composition（合成），命名为"主合成"，将其作为最终合成。Width（宽度）为 720px，Height（高度）为 576px，Frame Rate（帧速率）为 25，Resolution（分辨率）为 Full，Duration 为 00100（持续时间 100 帧），背景为黑色。

将之前的背景墙合成、镂空 LOGO 合成和破碎合成导入主合成的合成窗口中，并将镂空 LOGO 合成的图层混合模式设为 Multiply 正片叠底，如图 4-107 所示。

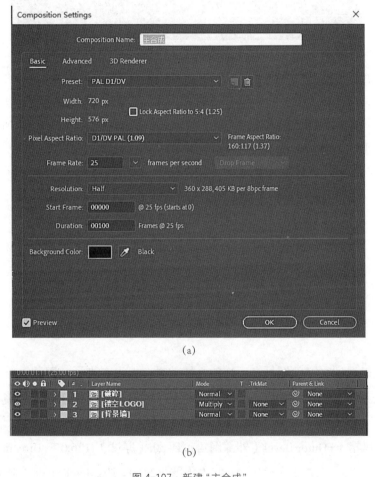

(a)

(b)

图 4-107　新建"主合成"

STEP09

为了使文字更具有立体感，使其看起来像是雕刻在墙壁上一样，这里给文字添加图层样式。选中"镂空 LOGO"，到 Layer（图层）的 Layer Style（图层风格）选 Inner Shadow（内投影），如图 4-108 所示。

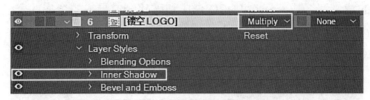

图 4-108　选择 Inner Shadow

展开 Inner Shadow（内投影），Blend Mode（混合模式）设为 Multiply 正片叠底，Color（颜色）设为黑色，Opacity（透明度）设为 85%，Angle（角度）设为 90.0°，Distance（距离）为 4.0，Choke（堵塞）为 0.0%，Size（大小）为 5.0，Noise（噪点）为 0.0%，如图 4-109 所示。

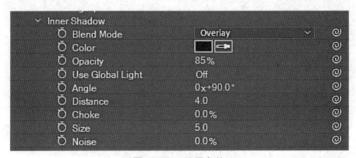

图 4-109　设置参数

STEP10

此时可以看到文字已经具有一定的立体效果，但没有光泽，因此需给文字添加其他图层样式。选中"镂空 LOGO"，到 Layer（图层）的 Layer Style（图层风格）选"Bevel and Emboss"（斜面与浮雕），如图 4-110 所示。

Style（风格）: Outer Bevel（外部倒角），Depth（厚度）:126.0%，Direction（方向）: Down（向下），Size（大小）:0.0，Angle（角度）:90.0°，Highlight Mode（高光模式）设为 Color Dodge（颜色减淡），如图 4-111 所示。

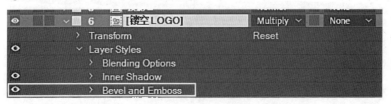

图 4-110　选择"Bevel and Emboss"

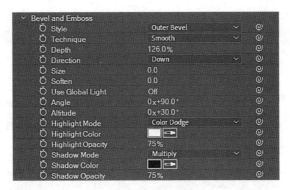

图 4-111　设置参数

STEP11

此时碎片比较平淡，为了使碎片的效果更逼真、更具有立体感，可以在原来的文字破碎动画基础上给文字添加灯光、投影等效果。

给碎片添加 Effect 效果。回到主合成，选破碎图层，按快捷键 Ctrl+D（复制），重命名为"投影 1"。

选"投影 1"，Effect（特效）—Generate（渲染）—Fill（填充），Color（颜色）为黑色。

Effect（特效）—Blur & Sharpen（模糊 & 锐化）—CC Radial Blur（CC 径向模糊），展开 Type（形式）设为 Fading Zoom（衰减缩放），Amount（总量）为 3.0，Center（中心）为（360.0，–950.0），Opacity（透明度）为 74%，如图 4-112 所示。这样碎片下面就产生一层阴影效果。

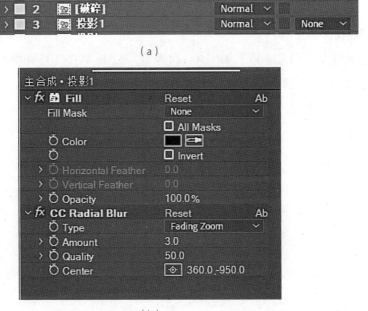

（a）

（b）

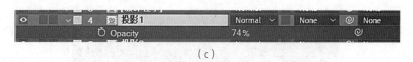

（c）

图 4-112　投影 1 设置

为了使投影效果更逼真，选投影 1 图层，按快捷键 Ctrl+D（复制），重命名为"投影 2"。修改 CC Radial Blur（CC 径向模糊）Amount（总量）为 20.0，如图 4-113 所示，得到两次丰富的投影效果。

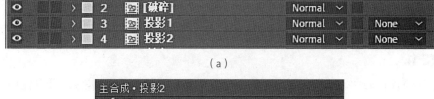

（a）

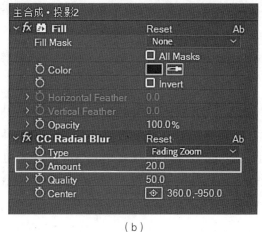

（b）

图 4-113　投影 2 设置

STEP12

新建灯光层 "Light 1"，如图 4-114 所示。Light Type（灯光类型）设为 Point（点光源），Intensity（强度）设为 200%。将灯光置于碎片的最上方，模拟光线垂直从上方照射下来的效果。将 Light 1 的 Position（位置）设为（390.0，−210.0，−270.0），如图 4-115 所示。

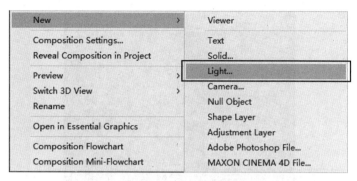

图 4-114　新建灯光层

(a)

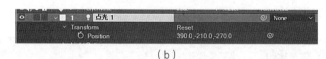

(b)

图 4-115　设置参数

STEP13

回到主合成，观察发现合成窗口中只有一层碎片，碎片的效果不丰富。

为了增加破碎细节的复杂度，可以继续创建一层碎片，不过新创建的碎片的大小必须和原碎片的大小有所区别。

选中破碎合成，按快捷键 Ctrl+D（复制），重名为"破碎粒子"。双击该合成，对 Shatter 做修改。这一层碎片产生的区域是在文字的边缘区域，所以需要先定义文字的边缘区域。

将 Shatter 先关闭，选中"破碎纹理层"，Effect（特效）—Matte（遮罩）—Simple Choker（简单堵塞），设为 4.00。

Effect（特效）—Channel（通道）—Invert（反向），将通道设为 Alpha。

Effect（特效）—Channel（通道）—Set Matte（设定遮罩），取消勾选 Stretch Matte to Fit（拉伸遮罩以适应），这样便得到了一个文字的描边效果，此时文字将作为破碎粒子产生的区域。

破碎纹理窗口设置如图 4-116 所示。

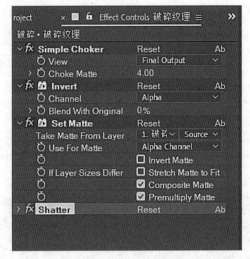

图 4-116　破碎纹理窗口设置

STEP14

回到主合成的工程面板，将刚刚创建的破碎粒子合成导入主合成中，并将其置于投影 1 图层和破碎图层之间，如图 4-117 所示。

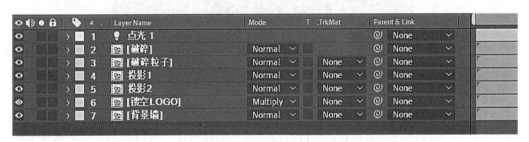

图 4-117　主合成工程面板

调节破碎粒子颜色。选破碎粒子图层，Effect（特效）—Color Correction（校色）—Curves（曲线），提高调节曲线来提高粒子的亮度，如图 4-118 所示。

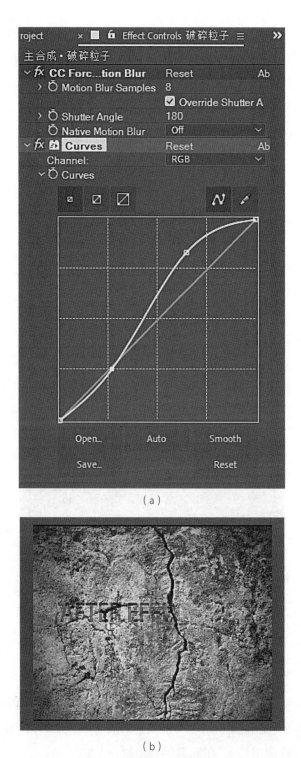

（a）

（b）

图 4-118　调节破碎粒子颜色曲线及效果

为了使破碎粒子更加接近真实的粒子运动效果，可以给破碎粒子图层添加 Motion Blur（运动模糊）效果。但是 Shatter 插件没有内置的运动模糊效果，打开图层的运动模糊开关也没有用，此时可以借用 CC Force Motion Blur（CC 强制运动模糊）来模拟运动模糊效果。选破碎粒子层，Effect（特效）—Time（时间）—CC Force Motion Blur（CC 强制运动模糊），如图 4-119 所示。

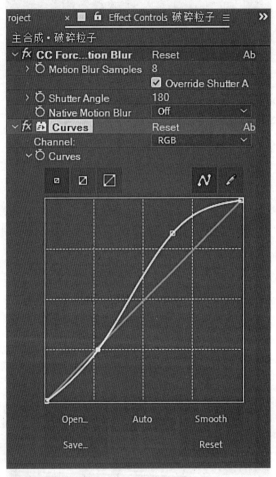

图 4-119　破碎粒子层

STEP15

为了使整个画面看起来具有电影效果，可以给画面添加一个暗角元素，使观众的注意点聚焦在画面的中心位置。新建一个黑色的固态层，命名为"暗角"，使用工具栏中的 Ellipse Tools（椭圆工具），在固态层上绘制一个椭圆。

选中暗角固态层，展开 Mask 1（遮罩 1），设为 Subject（减去），Mask Feather（遮罩羽化）设为 200。按快捷键 T，展开 Opacity，45%。

四、光线特效

案例：绚丽光线效果

光线特效是影视后期特效中相当重要的一个部分，无论是在电影、电视的特效镜头中，还是在电视包装中都可以看到大量光线特效的使用。

光线特效特效案例有闪电特效、飞行器快速飞过后留下的拖尾光线、科幻片中武器打斗时产生的火光等。光线特效的运用丰富了观众的视觉效果，使观众对这些光效镜头过目不忘，从而加深了观众对电影的印象。

STEP01

新建 Composition（合成），命名为"绚丽光线"，Width（宽度）为 1920px，Height（高度）为 1080px，Frame Rate（帧速率）为 25，Resolution（分辨率）为 Full，Duration 为 0:00:15:00（持续时间 15 秒），背景为黑色，如图 4-120 所示。

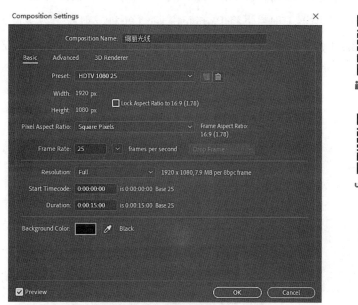

案例：绚丽光
线效果

案例：绚丽光
线效果素材

图 4-120　新建"绚丽光线"

STEP02

新建 Solid（固态层）作为背景。Effect（特效）—Generate（生成）—4 color Gradient（4 色渐变）。展开参数，Color 1（颜色 1）设为（52，0，31），Color 2（颜色 2）设为（21，0，23），Color 3（颜色 3）设为（2，0，42），Color 4（颜色 4）设为（30，0，55），如图 4-121 所示。

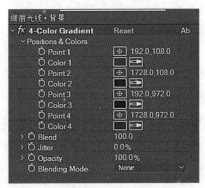

图 4-121　设置参数

STEP03

为了使背景元素不至于太单调,这里需要在背景上制作一层烟雾效果。新建一个 Solid(固态层),命名为"烟雾背景",并加入粒子特效。

Effect(特效)—Trapcode Particular(粒子),并将参数设置如下:

Emitter(发射器)项目下将 Particles / sec(每秒发射粒子数)设为 20,Type(类型)设为 Box(盒子),Velocity(速度)设为 1.0;Emitter Size X、Y、Z(发射器大小)分别为 2000、2000、14000,如图 4-122 所示。

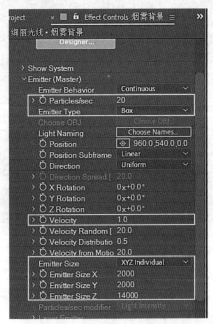

图 4-122　烟雾背景参数设置 1

STEP04

继续展开 Particle（粒子参数项），将 Life（生命值）设为 16.0，Particle Type（粒子类型）设为 Cloudlet（云朵）；将 Size（大小）设为 330.0，Opacity（不透明度）设为 4.0；将 Color（颜色）的 RGB 设为（232，222，255），并将烟雾背景图层的混合模式设为 Overlay（覆盖），如图 4-123 所示。

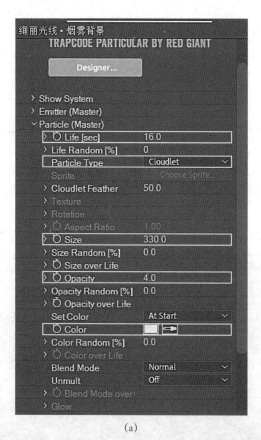

(a)

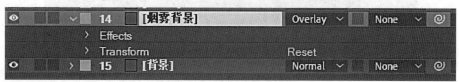

(b)

图 4-123　烟雾背景参数设置 2

STEP05

在制作光线之前，需要先定义出光线运动的路径。这里使用 Null Object（空物体层）来引导光线的运动轨迹。新建一个 Null Object（空物体层），命名为"路径"，如图 4-124 所示，打开该层的 3D 开关。新建一个 Camera（摄像机），将 Preset 预设设为 35mm，如图 4-125 所示。

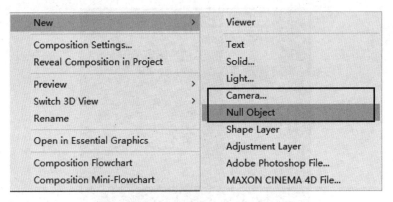

图 4-124　新建 Null Object

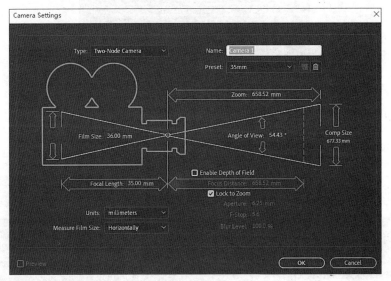

图 4-125　新建 Camera

STEP06

定义路径图层的位置，并给该层设置关键帧，使光线从靠近镜头位置穿梭而出，向远处移动，并让其在运动过程中左右上下地摆动，从而产生动感的运动效果。按下键盘上的 P 键，展开路径图层的位置参数，将时间线指针移动到 0 帧，Position 位置（195.0，403.0，−1012.0），到 1 秒 17 帧（970.0，584.0，−596.0），再到 3 秒 05 帧（960.0，459.0，336.0），再移动到 7 秒 04 帧（1615.0，554.0，3950.0）；到 10 秒 16 帧（866.0，582.0，1823.0）；到 12 秒 07 帧（578.0，407.0，3590.0），到 13 秒 11 帧（1227.0，550.0，3457.0），再到 14 秒 12 帧（1307.0，858.0，3005.0），如图 4−126 所示。

(a)

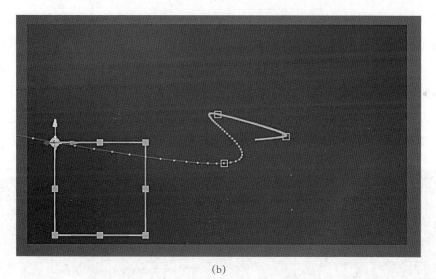

(b)

图 4−126　定义路径图层位置

STEP07

给摄像机设置位移动画，选中 Camera1（摄像机 1），按下键盘上 A 键和 P 键的同时按住 Shift 键，展开摄像机的 Point of Interest（兴趣点）和 Position（位置）参数项，将时间线指针移动到 19 帧位置，将 Point of Interest 兴趣点设为（960.0，540.0，0.0），Position 位置设为（960.0，540.0，–1280.0）；再将时间线指针移动到最后一帧位置，将 Point of Interest 兴趣点设为（960.0，540.0，3376.0），Position 位置（960.0，540.0，2096.0），如图 4-127 所示。

图 4-127　设置位移动画

STEP08

设置好路径图层的位置动画后，将其设置为一个引导层，并将所有的光线元素绑定到这个引导层上。这样，所有的光线元素都具有相同的运动轨迹了。下面开始制作光线元素。新建一个 Solid（固态层），将其命名为"光线 1"，到 Effect（特效）—Trapcode Particular（粒子），展开 Emitter（发射器），按住键盘上 Alt 键的同时单击 PositionXYZ 前面的码表，将该位置参数绑定到路径图层的 XYZ 轴位置上。这样粒子便有了与路径图层一致的路径动画了，如图 4-128 所示。

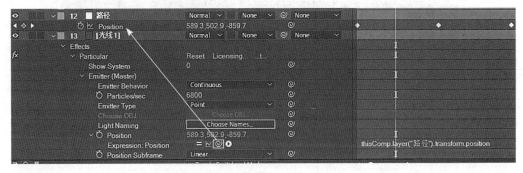

图 4-128　新建"光线 1"

STEP09

对光线 1 图层的形状进行调整。将 Particl/sec（每秒发射粒子数）设为 6800，这样，光线就有一定的密度了，效果看起来更加饱满。由于这里要制作的是一条光线，因此 Velociy（速度）为 0，这样粒子就不会向四周飞散。将 Velocity Random（速度随机性）设为 0.0，Velocity Distribution（速度发散）设为 0.0，Velocity from Motion（继续运动速度）设为 7.0。此时，光线的初始形态就形成了，如图 4-129 所示。

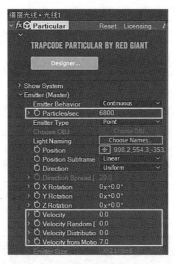

图 4-129　光线 1 图层调整

STEP10

展开 Particle 粒子，将 Life（生命值）设为 8.0，Life Random（生命随机性）设为 11，Sphere Feather（球体羽化）设为 100.0，Opacity（不透明度）设为 5.0，Color（颜色）的 RGB 设为（233，126，55）。

将 Size over Life（贯穿生命大小）和 Opacity over Life（贯穿生命不透明度）都设为随着生命慢慢终止，粒子变得越小和越透明，如图 4-130 所示。

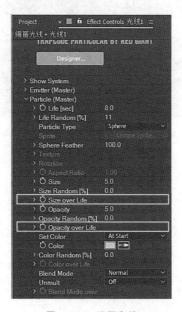

图 4-130　设置参数

STEP11

再将此图层进行复制，并稍微修改其他光线的参数，即可得到后面所有的光线元素。这样可以节省时间，从而提高工作效率。此时的光线已经有了绚丽的外形。本案例制作的是具有发光特性的线条，仔细观察后可以发现，目前光线的发光强度还不够，因此这里需要借助另一个滤镜来达到发光的效果。

选中光线 1 图层，在 Particular 效果的基础上给其添加 Effect 效果下的 Stylize（风格化）中的 Glow（辉光）效果。Glow（辉光）可以用于模拟真实的发光效果，它可以在物体本身颜色的基础上发光，也可以自定义添加发光的颜色，是一款功能强大且使用频率极高的滤镜。展开 Glow（辉光）效果，将 Glow Threshold（发光阀值）设为76.0%，Glow Radius（发光半径）设为 40.0，Glow Intensity（发光强度）设为 1.0，如图 4-131 所示。

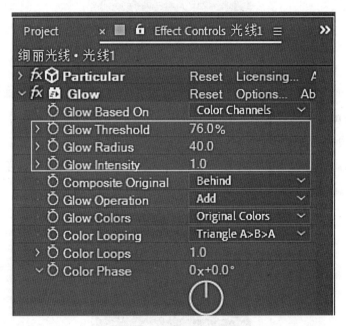

图 4-131　Glow 效果设置

STEP12

第一个光线元素制作完成后，继续制作第二个光线元素。为了提高工作效率，选中之前创建的光线 1 图层，按键盘上的快捷键 Ctrl+D 将其复制一层，将复制所得的图层重名为"光线 2"。此时两个光线元素的位置是一模一样的，这不是所需要的结果，要将每一个光线元素的位置都稍作偏移，这样光线效果看起来才更加丰富多样。由于每一个光线都是绑定在路径图层上的，如果修改路径图层的位置信息，这两个光线元素都会受到影响，因此要对每一个光线元素的位置信息进行修改，这里可以通过修改绑定表达式来达成，如图 4-132 所示。

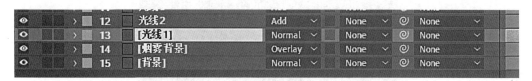

图 4-132　修改光线元素位置信息

STEP13

选中光线 2 图层，找到该图层位置的表达式，在 Position XY 的表达式后输入（0，–30）。这表示光线 2 元素在光线 1 元素 Y 轴的基础上向下移动了 30 个像素，X 轴上的位置则保持一致。设置完成后，光线 2 元素位于光线 1 元素的下方。同理，在光线 2 图层的 Position Z 的表达式后输入 –200，这表示光线 2 元素与光线 1 元素在 Z 轴位置上相差 200 个像素，如图 4-133 所示。

CC2018 版本之后的版本中，可直接在表达式后面加上 -[0,-30,-200]。

图 4-133　设置参数

STEP14

此时，光线 2 元素与光线 1 元素在外形上是一模一样的，为了使光线效果多样化，需要对光线 2 图层的 Particular 参数进行调节，如图 4-134 所示。

展开 Emitter（发射器），将 Velocity from Motion（继续运动速度）设为 4.0。

展开 Particle 粒子参数，将 Life（生命值）设为 16.0，Size（大小）设为 2.0，Opacity（透明度）设为 5.0，其他参数不变。

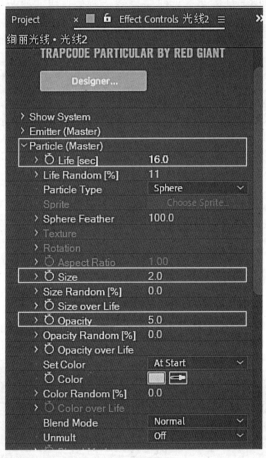

图 4-134　Particular 参数调节

STEP15

同理，为了使光线看起来更加绚丽，将光线 1 图层的 Glow（辉光）滤镜的参数进行复制后粘贴给光线 2 图层。继续制作第 3 个光线元素：选中光线 2 图层，按键盘上的 ctrl+D 将其复制一层，将复制所得的图层命名为"光线 3"。参照光线 2 元素的制作方法，稍微调整光线 3 图层的运动轨迹。选中该图层，按下键盘上的 U，展开表达式，在 Position XY（5，20），这表示光线 3 元素在光线 1 元素的 X 轴正方向上偏移 5 个像素，在 Y 轴正方向上偏移 20 个像素。Position Z 轴参数不变，如图 4–135 所示。

CC2018 版本以后的版本，可直接在表达式后面加上 +[5，20]。

图 4-135　设置光线 3

STEP16

调节光线 3 图层的 Particular 参数，展开 Particle, Size（大小）设为 3.0，Opacity（透明度）设为 7.0，其他参数不变，如图 4–136 所示。

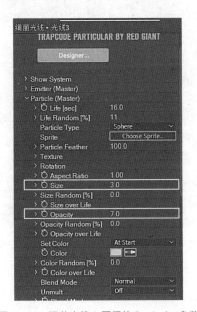

图 4-136　调节光线 3 图层的 Particular 参数

继续制作光线 4，在 Position XY 的表达式后输入 +[5，-10]，Position Z 轴位置不变，如图 4-137 所示。

调节 Particular 参数，展开 Particle，Life（生命值）为 14.0，Size（大小）为 2.0，Opacity（透明度）为 14.0，然后改变一下光线 4 元素的颜色，将其设为深褐色，RGB 设为（124，65，26），如图 4-138 所示。

图 4-137 调节光线 4 图层 Position 参数

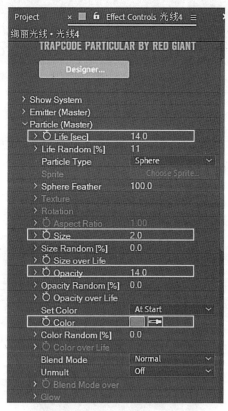

图 4-138 调节光线 4 图层的 Particular 参数

STEP17

继续复制光线 5，Particular—Life :17.8，Size:7.0，Opacity:10.0。

继续复制光线 6，Particular—Life :16.0，Size:6.0，Opacity:5.0。

继续复制光线 7，Particular—Life :15.0，Size:4.0，Opacity:5.0。

继续复制光线 8，Particular—Life :16.0，Size:2.0，Opacity:9.0。

继续复制光线 9，Particular—Life :15.0，Size:2.0，Opacity:8.0。

以上所有图层模式从光线 2 开始都改为 Add，如图 4-139 所示。

图 4-139　设置其他光线

STEP18

在这 9 个光线元素的基础上，再制作一个光线运动后所产生的烟雾效果。选中光线 9 图层，复制一层，将其命名为"烟雾"。

展开 Particular—Emitter—Particles/sec: 500，Velocity: 20.0, Velocity from Motion:3.0，如图 4-140 所示。

展开 Particle，Life: 4.0，Life Random: 100，Particle Type: Cloudlet（云朵），Size: 26.0，Opacity: 1.0，Opacity Random :100.0，Color 的 RGB（255，172，116），如图 4-141 所示。

展开 Physics（物理学）—Air—Turbulence Field（絮乱场），将 Affect Size 影响大小 :15.0，Affect Position 影响位置 : 40.0，如图 4-142 所示。

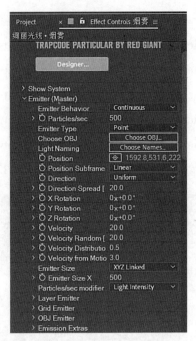

图 4-140　设置参数 1

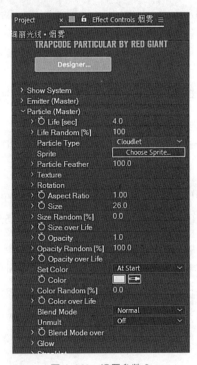

图 4-141　设置参数 2

图 4-142　设置参数 3

STEP19

新建一个 Solid（固态层），命名为"光学耀斑"。添加 Optical Flare 特效。

Brightness（亮度）: 90.0, Scale: 50.0, Color（颜色）: RGB（248, 177, 65），如图 4-143 所示。

展开 Flicker 闪烁，Speed: 20.0，Amount: 30.0；展开 Motion Blur—Render Mode 设为 On Transparent（在透明上），模式改为 Add（添加）; 将其 3D 开关打开，分别将 XY 轴和 Z 轴绑定到路径位置上，如图 4-144 所示。

效果如图 4-145 所示。

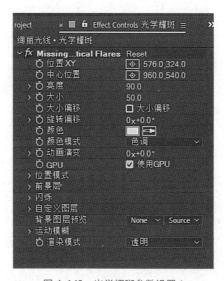

图 4-143　光学耀斑参数设置 1

图 4-144　光学耀斑参数设置 2

图 4-145　光学耀斑参数设置 3

第五章

After Effects 三维空间

CHAPTER 5

第一节 ⊙ After Effects 三维空间概述

　　我们所处的这个世界是一个三维空间，是由 X、Y、Z 3 个轴构成，也称作三维立体空间，如图 5-1 所示。在 After Effects 中，将图层设置为 3D 图层模式，通过调整图层的三维变换属性，与不同的光照效果和摄像机运动相结合，即可创作出包含空间运动、光影、透视及聚焦等效果的 3D 动画作品。

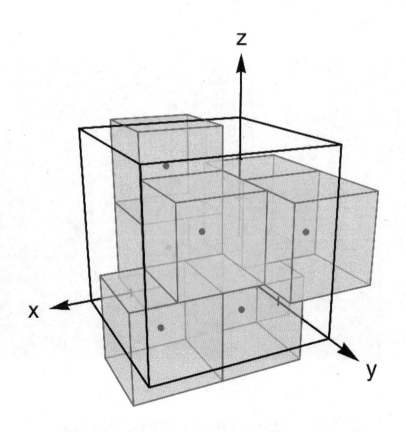

图 5-1　三维空间

　　AE 三维的核心概念是片面三维，制作的三维层是像纸一样薄的层，我们只是让层在空间中旋转。AE 不具备建模的功能，但是可以读取三维建模。

第二节 ⊙ After Effects 三维图层

After Effects
三维图层

在 AE 中，除了音频层外，其他层都可以转换为三维层。如果要将二维层转换为三维层，可以直接在时间线面板中相应的层后面单击 3D Layer（3D 层）按钮，当然也可以通过 Layer—3D Layer 菜单命令来完成。

将二维层转换为三维层后，三维层会增加一个 Z 轴属性和一个 Material Options（材质选项）属性，关闭三维层开关后，增加的属性也会随之消失，如图 5-2 所示。

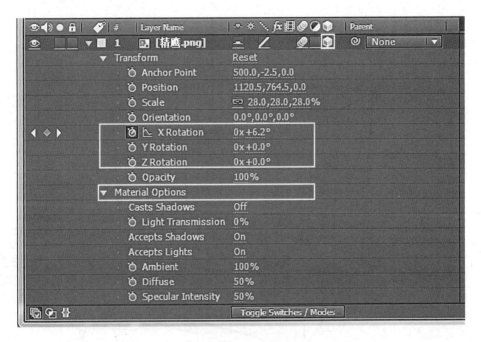

图 5-2　三维图层设置

第三节 ⊙ After Effects 三维摄像机层

创建三维摄像机层后，可以透过摄像机视图观看任何距离和任何角度三维层的效果，这样就不需要为了观看的转动效果而去旋转场景了，如图 5-3 所示。

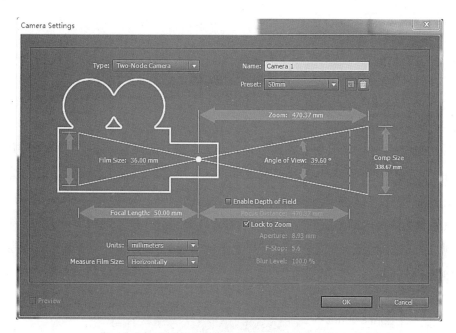

图 5-3　创建三维摄像机层

　　在 AE 中，摄像机是以层的方式引入到合成中的，所以它的创建方法实际上就是创建一个摄像机层，这样可以在同一个合成项目中对同一场景使用多台摄像机进行观察，如图 5-4 所示。

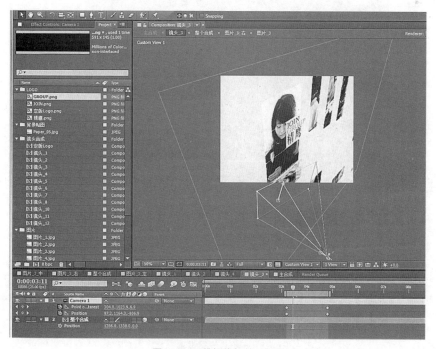

图 5-4　三维摄像机效果视图

第四节 ▶ After Effects 三维灯光层

在 AE 中，灯光也是以层的方式引入到合成中的，所以可以在同一个合成中使用多个灯光层，这样可以产生多种光照效果。灯光层可以设置为调整层，让灯光层只对指定的层产生影响，而其他层都不受该灯光层的影响。要让灯光对指定的层产生光照，只需激活该层的调整层开关即可，设置为调整层后，位于此层下所有的三维层都将受到灯光层的影响，而位于该灯光层之上的所有三维层都不会受到该灯光层的影响，如图 5-5 所示。

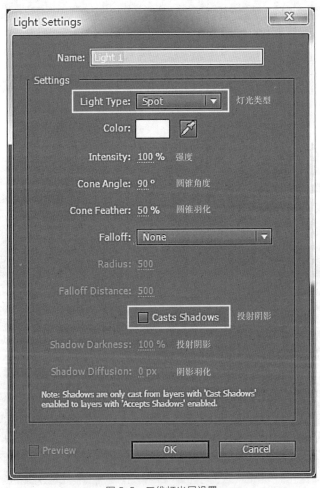

图 5-5 三维灯光层设置

第五节 ▷ **案例**

一、案例：三维海洋

制作一个海洋表面，能像镜面一样反射背景，如图 5-6 所示。

图 5-6　海洋表面

案例：三维海洋

案例：三维海洋素材

STEP01

新建 Composition（合成），命名为"三维海洋"，Width（宽度）为 720px，Height（高度）为 576px，Frame Rate（帧速率）为 25，Resolution（分辨率）为 Full，Duration 为 00:00:10:00（持续时间 10 秒），背景为黑色，如图 5-7 所示。

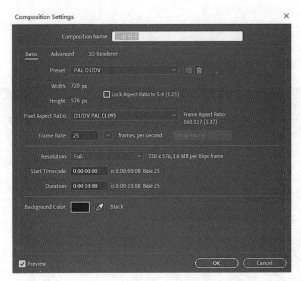

图 5-7 新建"三维海洋"

STEP02

新建 Solid（固态层），长宽都是 1200（做水面的感觉），Width（宽度）为 1200px，Height（高度）为 1200px，如图 5-8 所示。

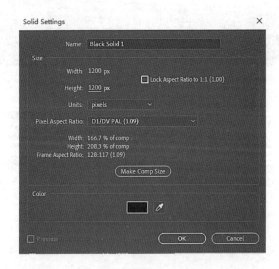

图 5-8 新建"Black Solid1"

STEP03

加入特效，Effect（效果）—Noise & Grain（噪波与颗粒）—Fractal Noise（分形噪波），Effect（效果）— Blur & Sharpen（模糊与锐化）—Fast。Blur（快速模糊），打钩重复边缘像素，并把 Blurriness（模糊量）的值改成 25.0，如图 5-9 所示。

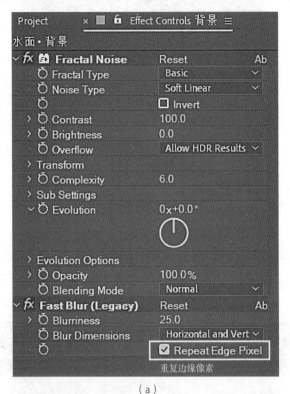

（a）

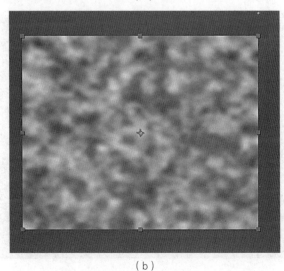

（b）

图 5-9　加入特效

STEP04

然后开启图层的 3D 开关，旋转（X 轴）直至它垂直于屏幕，再把它拉下来作为海面（Z 轴），如图 5-10 所示。

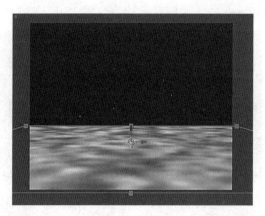

图 5-10　海面

STEP05

把天空 .jpg 的素材图片拖进来（置于最上层），同样打开 3D 开关。我们需要把它移到后面，所以我们在 Z 轴上往后推，直到它们边缘相接触，呈 T 字形。你可以通过顶视图来把它调整得更好，然后回到有效摄像机视图，如图 5-11 所示。

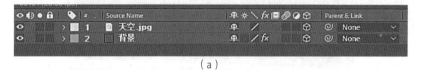

（a）

（b）

图 5-11　天空

STEP06

把天空这一层提高直到它的底面与湖面对齐，再复制天空层。把固态层暂时关闭，Edit（编辑）—Duplicate（复制），把复制的天空层往下移，颠倒一下（方向 X 轴 180 度），最后通过底部对齐与上面的图层重合，如图 5-12 所示。。可以用键盘上的箭头移动它，然后再把刚刚的图层打开。

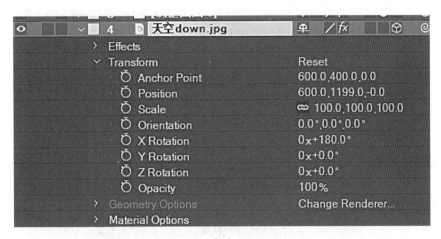

（a）

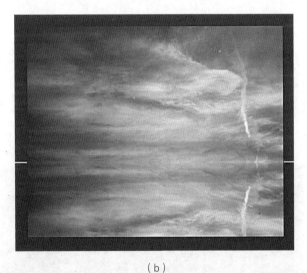

（b）

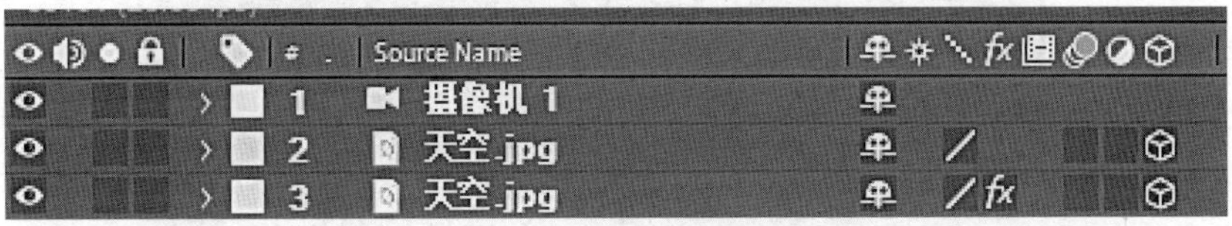

⊙	◀◉	●	⬤	🔒	❤	# ▴	Source Name	🕀 ✱ ❜ fx ▤ �𝄋 ⚪ ⬡
⊙					>	1	▣ 摄像机 1	🕀
⊙					>	2	▣ 天空.jpg	🕀 / ⬡
⊙					>	3	▣ 天空.jpg	🕀 / fx ⬡

（c）

图 5-12　天空与湖面设置

STEP07

将分形噪波层进行预合成 Layer（图层）—Pre-Compose（预合成），命名为"水面 .map"（记得选取移动全部属性到新建合成中），并关闭水面的图层，下一步就是制作水波动的效果，如图 5-13 所示。

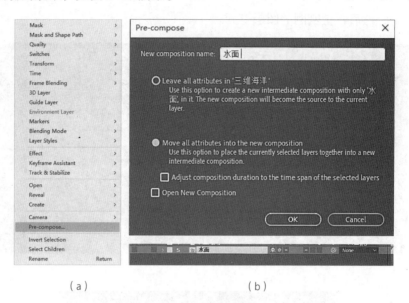

（a）　　　　　　　　　　　　（b）

图 5-13　预合成操作

STEP08

新建一个 Adjustment Layer（调节层），Effect（效果）—Distort（扭曲）—Displacement Map（置换映射），然后把它运用到水面的图层，增大置换的数值（最大水平置换为 50.0，最大垂直置换为 107.0），如图 5-14 所示。

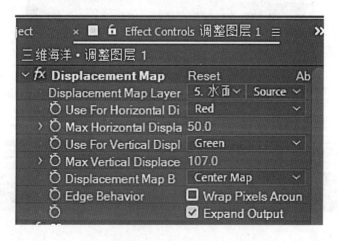

图 5-14　新建调整图层

选择天空的图层，一个放在顶部，一个放在底部，然后把底部天空层（天空 down.jpg）与顶部天空层（天空 up.jpg）建立父子关系，这样当我们移动时，它们是一起移动的，如图 5-15 所示。选择 Adjustment Layer（调节层），把它放在顶部图下面，水中有一些空洞，所以要消除这个，我们选中天空 down 图层，加入特效，Effect & Present 中输入动态平铺，把 Style（风格）—Motion Tile（动态平铺）运用到天空 down 图层。把 Output Height（输出高度）设为 150.0，打钩 Mirror Edges（镜像边缘），如图 5-16 所示。

现在我们创造了这个表面，在 3D 视图中我们可以移动或缩放它，如图 5-17 所示。

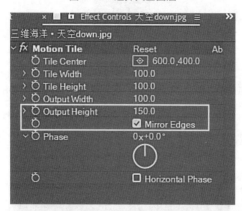

图 5-15　选择天空图层

图 5-16　设置参数

图 5-17　3D 视图

STEP09

因为 Map 是静止的，所以我们需要打开水面.map 的折叠变换（小太阳）开关（可以恢复图层原始属性）。如果我们单独看这个图层，这里是 3D 的，但如果关掉这个折叠开关，3D 效果就不存在了。打开水面.map 的折叠开关，关闭水面图层，我们可以移动旋转它，创造一个波动的海面，如图 5-18 所示。

图 5-18　水面图层

STEP10

旋转 Track Z Camera Tool（Z 轴轨道相机工具），如图 5-19 所示，拉近视角（以至于海面的破口可以不那么明显），而且我们可以简单地旋转镜头（按 C 键切换相机工具），就像是有很大波动的海面。

图 5-19　旋转 Track Z Camera Tool

STEP11

接下来让这个海面动起来，双击水面图层，在 Fractal Noise（分形噪波）选项中 Evolution（演变）选项，如果我们改变这个的数值，海面就会出现波动。接下来就是把转数选 2，设定关键帧（在 6s 的地方设置 2 转），如图 5-20 所示。

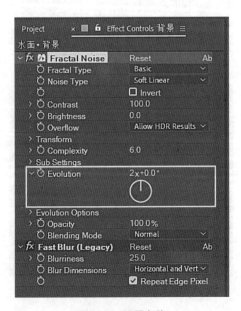

图 5-20　设置参数

STEP12

如果想要画面更耐看，加入摄像机动画，让它有个 Zoom 的效果（选中目标兴趣点和方向），如图 5-21 所示。

（a）

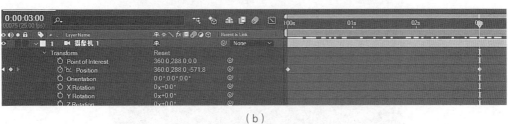

（b）

图 5-21　加入摄像机动画

二、案例：三维栏目制作

STEP01

新建 Composition（合成），Width（宽度）为 1920px，Height（高度）为 1080px，Frame Rate（帧速率）为 25，Resolution（分辨率）为 Full，Duration 为 0:00:30:00（持续时间 30 秒），背景为黑色，如图 5-22 所示。

案例：三维栏
目制作

案例：三维栏
目制作素材

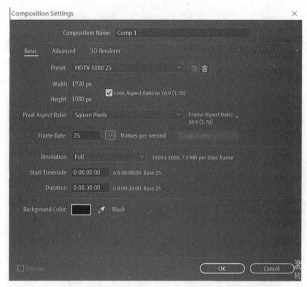

图 5-22　新建"Comp1"

STEP02

新建 Solid（固态层），Width（宽度）为 1920px，Height（高度）为 1080px，背景为黑灰色，如图 5-23 所示。

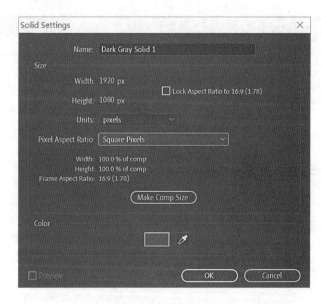

图 5-23　固态层设置

STEP03

双击圆角工具，生成 Mask（蒙版），使固态层变为圆角，如图 5-24 所示。

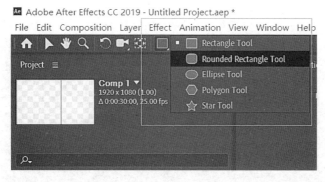

（a）

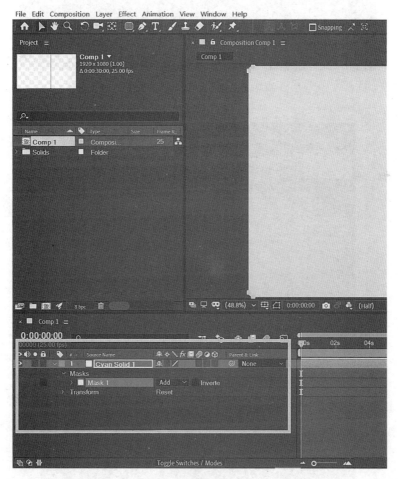

（b）

图 5-24　圆角工具

STEP04

新建摄像机"Camera 1"，如图 5-25 所示；打开固态层三维视图，如图 5-26 所示。

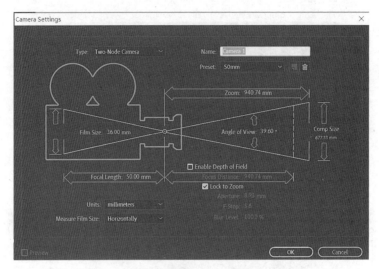

图 5-25　新建摄像机"Camera 1"

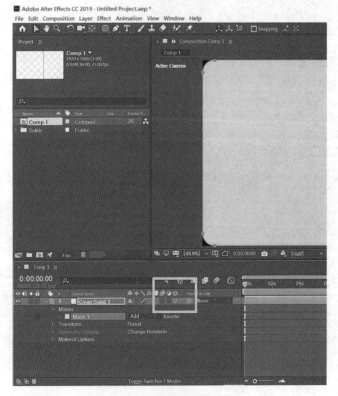

图 5-26　固态层三维视图

STEP05

新建多个 Solid（固态层），并打开四视图便于操作，如图 5-27 所示。

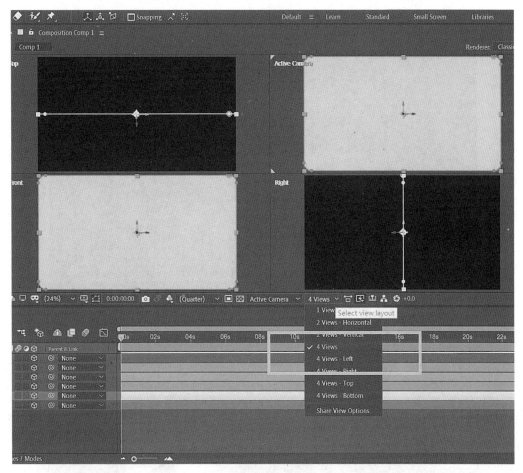

图 5-27　四视图操作

STEP06

移动图层的 X、Y、Z 轴，或者位置，达到错位效果，如图 5-28 所示。

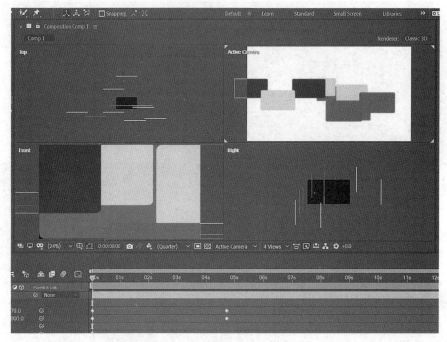

（a）

（b）

图 5-28　错位效果设置

STEP07

移动摄像机到适当位置，再打开摄像机的方向效果进行关键帧设定，如图 5-29
所示。

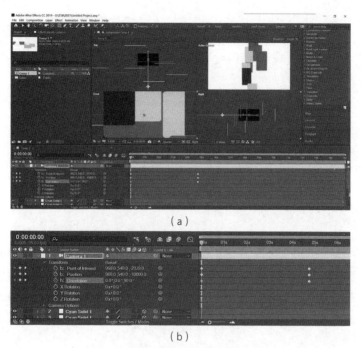

（a）

（b）

图 5-29　关键帧设定

STEP08

全选图层，按 R 键（Rotation 旋转）打开方向参数，调整 X 轴角度，做旋转动画，
使每个图层角度不一样以达到三维效果，如图 5-30 所示。

（a）

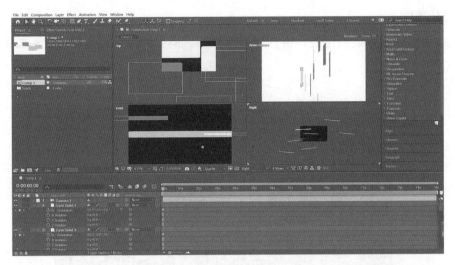

（b）

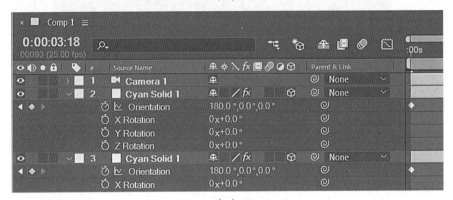

（c）

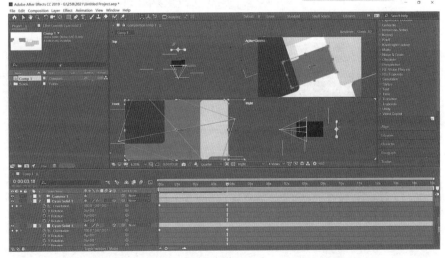

（d）

图 5-30　设置参数

STEP09

按空格键预览看一下效果，调整图层先后出现顺序，使动画更加生动，如图
5-31 所示。

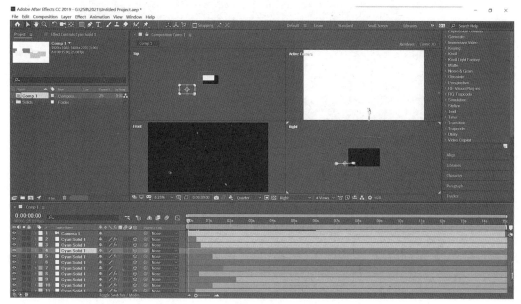

图 5-31　预览效果

STEP10

新建 Composition（合成），Width（宽度）为 1920px，Height（高度）为 1080px，
Frame Rate（帧速率）为 25，Resolution（分辨率）为 Full，Duration 为 0:00:15:00（持
续时间 15 秒），背景为黑色，如图 5-32 所示。

图 5-32　新建"Comp 3"

STEP11

新建多个不同颜色的 Solid（固态层），并加上圆角蒙版，如图 5-33 所示。

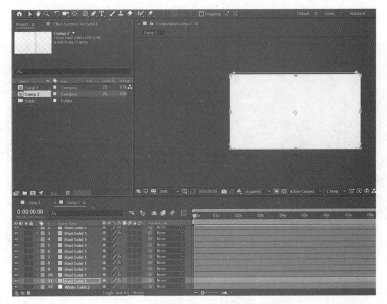

图 5-33　新建多个不同颜色的固态层

STEP12

调整各个图层的排列与位置，如图 5-34 所示。

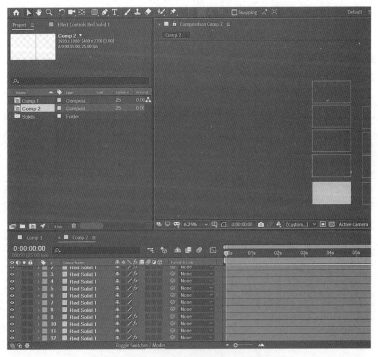

图 5-34　调整图层排列与位置

STEP13

新建摄像机，打开图层三维层，如图 5-35 所示。

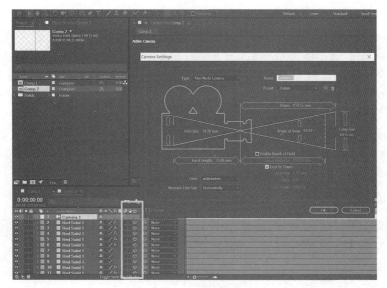

图 5-35　新建摄像机

STEP14

调整摄像机 Z 轴位置，如图 5-36 所示。

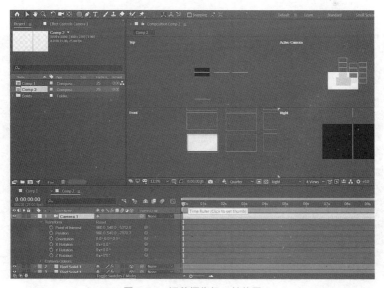

图 5-36　调整摄像机 Z 轴位置

STEP15

调整摄像机 Position（位置）与 Point of Interest（目标点位置），做一个目标点不动而摄像机移动的动画，如图 5-37 所示。

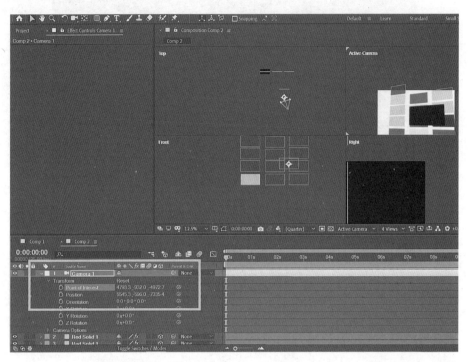

（a）

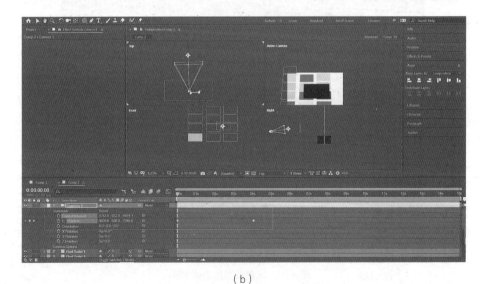

（b）

图 5-37　调整位置及目标点位置

STEP16

导入需要的视频、图片，文字调整到适当位置，如图 5-38、图 5-39 所示。

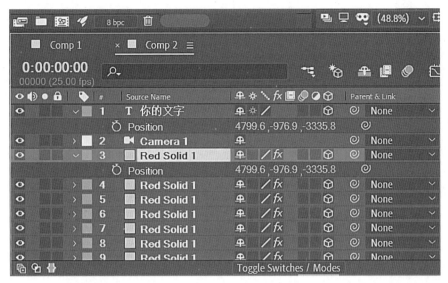

图 5-38 导入视频、图片

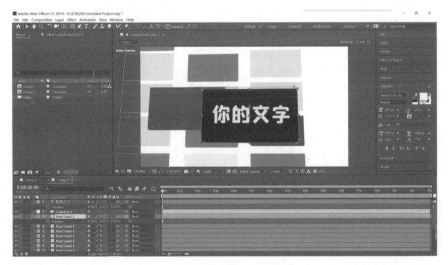

图 5-39 调整文字位置

STEP17

预览，完成。

第六章

After Effects 跟踪与稳定技术

CHAPTER 6

第一节 ⊙ 跟踪与稳定技术

运动跟踪技术是影视后期合成中非常普遍的一项技术。该技术是指对指定区域进行跟踪分析，并且自动创建关键帧，将跟踪的结果应用到目标层。跟踪对象的运动，并将该运动的跟踪数据应用于目标层，可以使图像和效果跟随被跟踪对象一致运动。

运动稳定技术是对前期拍摄的片段进行画面稳定的技术，是用来消除拍摄时出现的画面抖动问题，使画面变得平稳。

运动跟踪和运动稳定技术在影视后期制作中有许多用途。例如，将一段视频添加到广场的电视大屏上，或添加到运动的公交车身上的动态广告，或是稳定手持拍摄的抖动片段画面。

在 AE 中进行运动跟踪有多种方法，甚至还有外置插件，如图 6-1、图 6-2 所示。而 AE 自带的跟踪方法主要有 3 种：一点跟踪（仅用于处理物体的二维移动）、两点跟踪（指跟踪物体的旋转属性）和四点跟踪（一般用于处理物体透视变化、三维运动等），其中最常用的是四点跟踪方法。一点跟踪适用于跟踪运动物体在二维平面上的位置变化；两点跟踪适用于跟随运动物体在二维平面上的位置、旋转及变化；四点跟踪又叫作"边角定位跟踪"，适用于跟踪四角平面区域的变化。

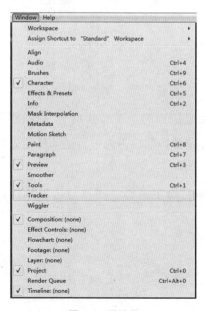

图 6-1　目录项

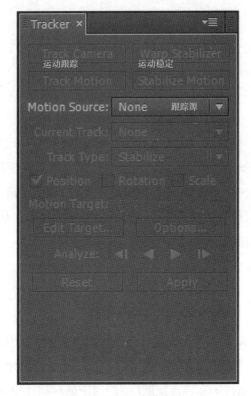

图 6-2　跟踪窗口

第二节 ◎ **案例**

一、案例：手机屏幕跟踪

案例：手机屏幕跟踪

案例：手机屏幕跟踪素材

在进行运动跟踪时，观看素材会发现视频片段抖动较厉害，所以我们在对手机屏幕替换前，需先进行运动稳定处理。

STEP01

导入跟踪与稳定素材，注意勾选 JPEG Sequence（序列），如图 6-3 所示。

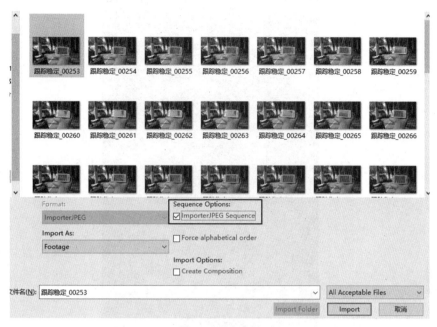

图 6-3　导入素材

STEP02

新建 Composition（合成），命名为"跟踪"，Width（宽度）为 960px，Height（高度）为 540px，Frame Rate（帧速率）为 25，Resolution（分辨率）为 Full，Duration 为 00060（持续时间 60 帧），背景为黑色。调出 Tracker（追踪器），选择 Stabilize Motion（运动稳定），如图 6-4、图 6-5、图 6-6 所示。

图 6-4　新建"跟踪"

图 6-5 Tracker 窗口

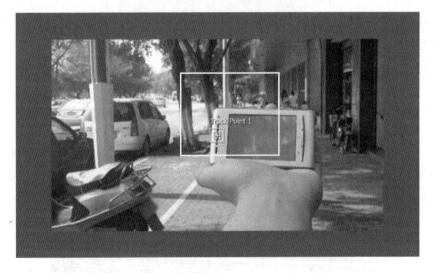

图 6-6 视觉效果

STEP03

　　选择汽车尾灯，跟踪完后，往回拉，将出框的一帧帧拖回来，然后点击 Apply（应用），如图 6-7、图 6-8、图 6-9 所示。

图 6-7　选择汽车尾灯

图 6-8　跟踪

图 6-9　应用

STEP04

也可以尝试另一种跟踪方法——Warp Stabilizer（自动跟踪稳定），如图 6-10、图 6-11 所示。

图 6-10　Warp Stabilizer

插件自动跟踪稳定

图 6-11　自动跟踪稳定插件

STEP05

这一步要完成跟踪一个手机屏幕并将屏幕替换成其他图片。从视频中可以看到演员手中拿的手机在不断地晃动，并且伴随着透视移动，这样就无法只靠一两个跟踪点来完成跟踪。AE 内置的跟踪组件中有四点跟踪，这里可以利用它来处理这种四边形平面的透视追踪问题。在素材层上单击右键，选 Tracker Motion（运动跟踪），如图6-12 所示。

（a）

（b）

（c）

图 6-12　运动跟踪

STEP06

拖动时间线指针，观察手机屏幕，寻找一个看上去位置相对比较正的帧来作为跟踪的起始帧，如图 6-13 所示。

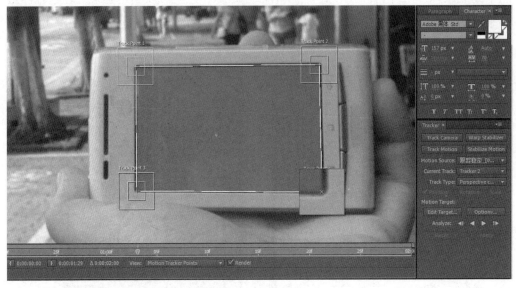

图 6-13　寻找起始帧

STEP07

在做透视跟踪时，有一点需要注意，因为当你把之前的跟踪数据都调节好后会发现 Apply（应用）这个按钮一直是灰的，应用不了，所以我们这时要新建一个 Null Object（空物体层），将数据记录到这个空物体层里，然后再利用父子关系将其绑定。

原理：点 Edit Target 时无法选中对象层，所以得设置一个空物体层来做应用，如图 6-14、图 6-15 所示。

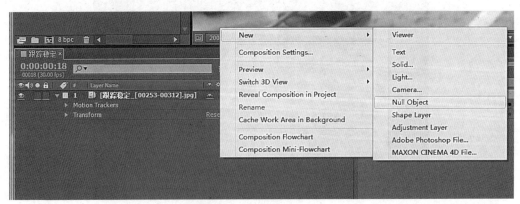

图 6-14　设置空物体层 1

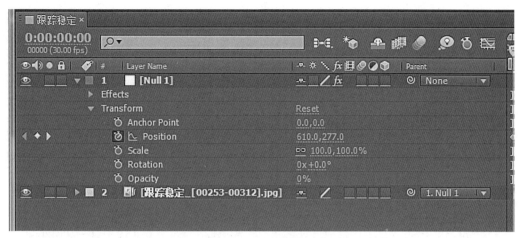

图 6-15　设置空物体层 2

STEP08

在这个案例里，可以新建一个空白固态层，将这层代替空物体层。由于我们这里要用字幕等替换手机屏，所以这个空物体层就选择这个固态层来代替，如图 6-16、图 6-17 所示。

图 6-16　字幕替换

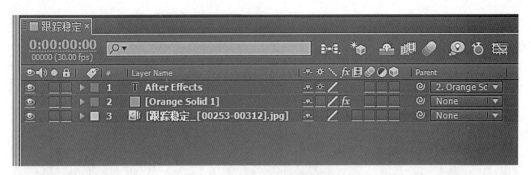

图 6-17　新建空白固态层

STEP09

将固态层和字体层新建合成，命名为"屏幕跟踪"，如图 6-18、图 6-19 所示。

图 6-18　视觉效果

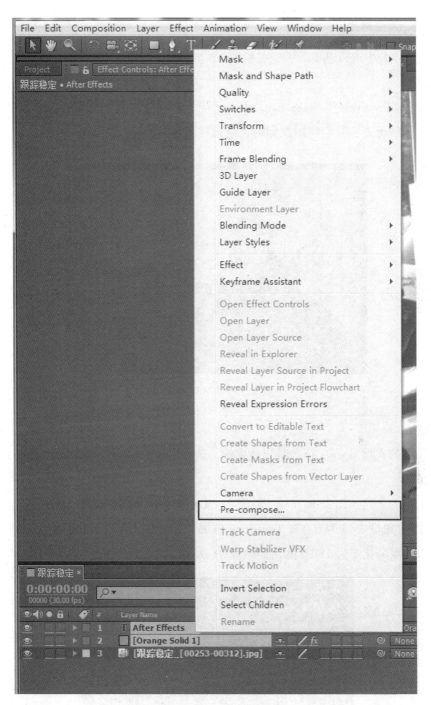

图 6-19 新建"屏幕跟踪"

二、案例：天空替换

如何在 AE 中进行基本的天空替换？

STEP01

将素材 Motorcycle_Footage.mov，sky.jpg 导入时间线。我们从素材分析开始，背景中的天空平淡无奇，我们将用找到的天空素材图来替换它，如图 6-20 所示。

案例：天空替换

案例：天空替换素材

图 6-20 导入天空素材

STEP02

把天空的素材 sky.jpg 拖入时间线顶端，放在 Motorcycle_Footage.mov 素材上面。

STEP03

对天空的素材添加 Transition（转换）—Linear wipe（线性擦除）的插件。将 Wipe Angle（擦除角度）设为 0，将 Transition Competition（完成过渡）调整为 30%，再将 Feather（边缘羽化）为 180.0 度，如图 6-21 所示。

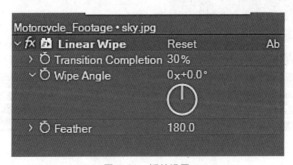

图 6-21 插件设置

STEP04

此时一拉动摩托车视频素材，我们发现天空素材图片就露馅了。所以我们需要把天空素材图片与视频素材绑定。为了达到这个效果，我们需要调出 Tracker Controls（跟踪）窗口，在这里你可以发现有两个选项，即 Track Motion（追踪运动）和 Stabilize Motion（稳定运动），我们使用 Track Motion（追踪运动），如图 6-22 所示。

图 6-22　Tracker Controls 窗口

STEP05

我们需要跟踪距离镜头稍远的点来更好地表现天空的纵深感。所以在这段素材中，远处的山应该是这段素材中远端的部分，这里我们要将跟踪点移到这个山的小小的突起部分，如图 6-23 所示。

图 6-23　跟踪点

STEP06

在 Tracker（跟踪）窗口，你可以发现 Options（选项），在这里你可以调整跟踪的各项属性包括 Track Chanel（跟踪通道），可使用 RGB 或者 Luminance（亮度）或者 Saturation（饱和度）数据，而 Luminance（亮度）往往是你的最佳选择，还有许多其他选项我们可以以后再详细研究，如图 6-24、图 6-25 所示。

图 6-24　Tracker Controls 窗口

图 6-25　Motion Tracker Options 窗口

STEP07

然后进行 Analyze（分析），如图 6-26 所示。

图 6-26　Analyze（分析）窗口

STEP08

点击 Apply（应用），将跟踪信息转换为关键帧，如图 6-27、图 6-28、图 6-29 所示。

图 6-27　点击 Apply

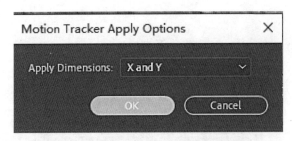

图 6-28　Motion Tracker Apply Options 窗口

图 6-29　转换关键帧

STEP09

我们现在需要解决的是位置问题，我们需要调出天空素材层的 Position 值和 Scale 值界面。我们可以通过调整 Anchor Point 的位置来解决这个问题，但我们实际将要做的是通过调整 Position 来完成我们效果，点击 Position（360, 64），AE 将自动全选全部的关键帧，然后将我们的素材移动到适当的位置，如图 6-30、图 6-31 所示。

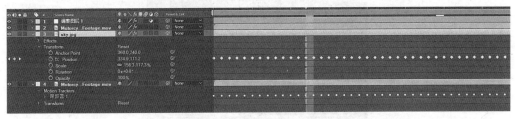

图 6-30　Position 值和 Scale 值界面

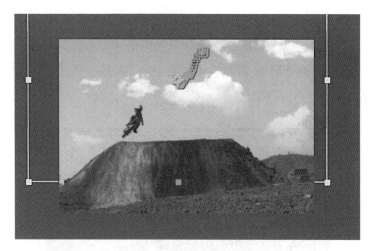

图 6-31　调整效果

STEP10

此时，摩托车手被隐藏在了背景的后面，他本应该在画面的顶端部分，为了解决这个问题，我们配合这个特殊的原始背景，直接将这个摩托车手 Key（抠像）出来。

STEP11

我们对摩托车手这一层进行复制一层，将复制层移到时间线的顶端，对顶端的素材加上 Color Key（颜色键）插件，通过洗色器选择原始素材的天空颜色，将 Color Tolerance（色彩宽容度）为 55，用键颜色吸取原始天空颜色，如图 6-32、图 6-33 所示。

图 6-32　Color Key 插件

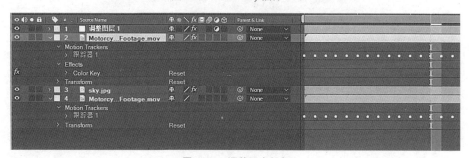

图 6-33　调整天空颜色

STEP12

最后一步，我们将进行 Color Correction。我们给这个 Compostion（合成）添加一个 Adjustment Layer（调节层），再给它添加 Curves（曲线）插件（色彩校正—曲线），把亮度往上提，如图 6-34 所示。

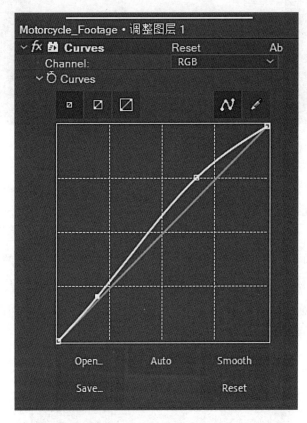

图 6-34　Curves（曲线）插件

STEP13

整个图像看起来过于冷，所以我们将调出 Curves 的 Red 通道部分略微调高，再转到 Blue 通道部分略微调低，这样可以调整出太阳照射下的温暖的图像。

第七章

综合设计案例

CHAPTER 7

第一节 ▶ 影视片头综合设计制作

影视片头设计制作目前已成为电视台和各影视公司最常用的概念之一。片头设计指对产品进行影视拍摄的作品的片头包装。影视片头设计制作指对拍摄作品、电视节目等整体形象进行一种外在形式的规范和强化。

一、片头设计的色彩与心理

不同的人对色彩有不同的感受，性别、年龄、价值观、教育背景等因素都可能导致大家对色彩有不同的理解。要让片头的性格通过色彩表达出来。

色彩原理

红色：最强烈的情感色，能够在生理和心理上影响我们，是代表乐观、性感、激情，甚至侵略的颜色。红色可以从各种颜色的背景中脱颖而出，并紧紧抓住观众的注意力。

黄色：代表欢乐、愉悦、智绘和能量，能令人产生喜悦的情绪，并刺激精神活动。

绿色：环保色，是最流行的室内装饰色，具有让人放松的能力，使人联想到所有自然、祥和的事情，给人强烈的安全感。

蓝色：具有激发深沉激情的能力，给人平和、安静的感觉，它是天空和海洋的颜色，因此与稳定、信任、智慧、忠诚和真理概念相关。蓝色是冷色，在视觉上使有限的空间得到膨胀，从而产生一种冷酷、寒冷的感觉，帮助我们集中精力。

二、影视片头设计的制作流程

（一）制作流程

（1）了解拍摄作品或电视节目的核心概念。

（2）前期策划与风格定位。

（3）音乐编辑与审定。

（4）设计动画分镜头。

（5）进行片头的制作。

（6）合成输出成片（定版）。

（7）审定、修改并最终完成。

（二）片头设计

根据片头的策划方案明确作品的定位，结合视频的整体风格确定片头的风格、色彩节奏及片头创意。

（1）目标明确之后开始脚本的编写。分镜头脚本的设计需先根据片头设计风格制作背景音乐和配音，再确定各分镜头的时间和动画演绎方式。

（2）分镜头脚本设计是集统筹、规划于一体的工作，是片头制作方案和制作水平的保障，由高级制作人员承担。

（3）制作人员统筹安排。

（4）片头制作包括音乐、平面、三维、画面剪辑、后期合成等方面。不同类型的片头风格，其运动形式又受到制作人员的性格、爱好的影响。因此，根据片头制作人员的特长合理安排制作项目和时间是保证制作出优质片头的前提。

第二节 ▶ 综合案例：《老爷升堂》的片头制作

《老爷升堂》片头制作是一个校企合作企业的商业项目，是为宁波电视台的一档甬剧情景剧《老爷升堂》制作片头，如图 7-1 所示。在后期制作中，它运用了 AE 摄像机运动一镜到底的功能，使得每一个画面的衔接非常融洽和谐。

综合案例

案例：《老爷升堂》

案例：《老爷升堂》素材

图 7-1 《老爷升堂》片头

STEP01

如何针对拍摄的素材进行抠像？新建 Composition（合成），设置 Width（宽度）为 1920px，Height（高度）为 1080px，Frame Rate（帧速率）为 25，Resolution（分辨率）为 Full，Duration 为 0:00:15:00（持续时间 15 秒），背景为黑色，如图 7-2 所示。

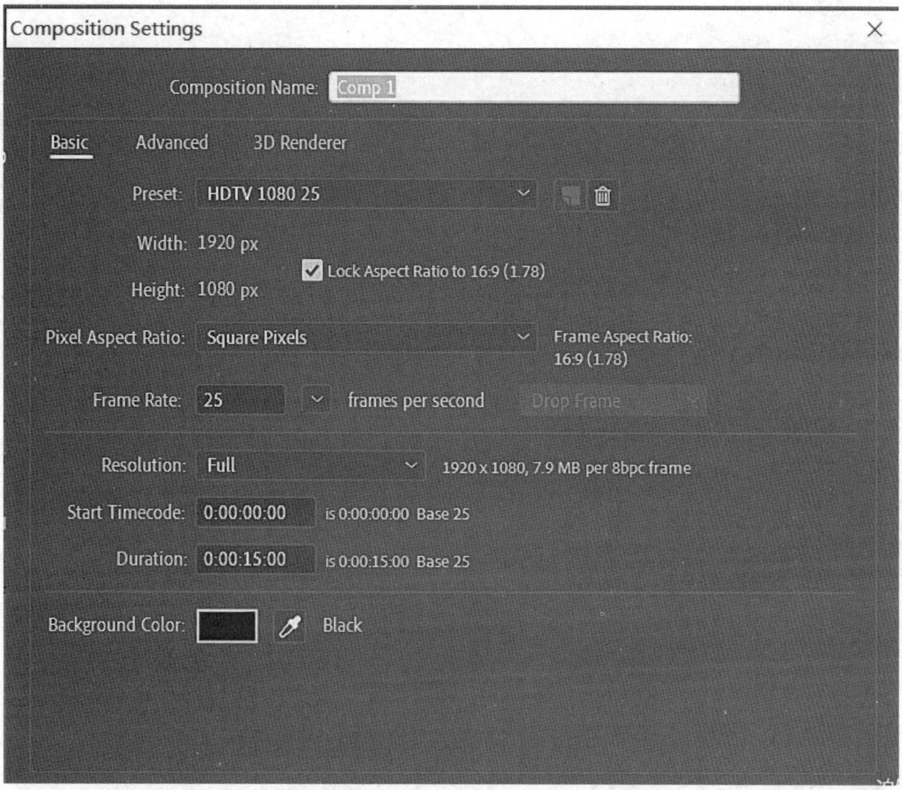

图 7-2 新建 "Comp 1"

STEP02

导入夫妻打闹.mp4 素材，如图 7-3 所示。

图 7-3　导入素材

STEP03

添加 Effect（特效）—Keying—Keylight（1.2）效果，对素材进行抠像，如图 7-4 所示。

图 7-4　对素材抠像

STEP04

用吸管工具吸取颜色，调节细节参数，并添加 Effect（特效）—Color Correction（颜色校正）—Hue Saturation（色相 / 饱和度），把可见蓝色调成 0，如图 7-5 所示。

（a）

（b）

图 7-5 调整细节参数 1

展开 Screen Color（屏幕颜色）—Screen Gain（屏幕增益）和 Screen Balance（屏幕平衡），通过调整这两个参数的数值可以观察到合成窗口中的变化。在调节的同时，可以在 View（预览）中选择 Screen Matte（屏幕蒙版）或 Combine Matte（合并蒙版），以黑白图像区分前景和背景，如图 7-6 所示。

（a）

（b）

图 7-6 调整细节参数 2

STEP05

用钢笔工具给视频加个 Mask（蒙版），去除不需要的部分，如图 7-7 所示。

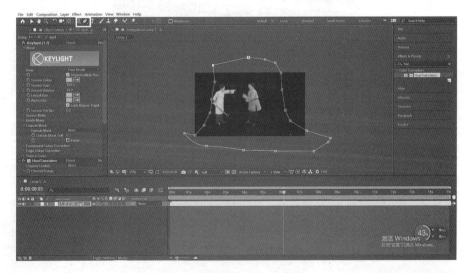

图 7-7 增加 Mask

STEP06

文件—导出—导出透明通道素材，如图 7-8 所示。

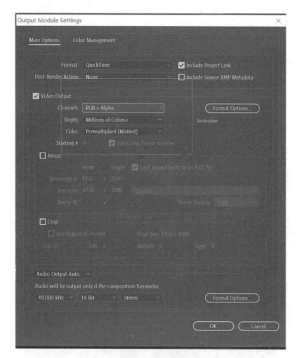

图 7-8　导出窗口

STEP07

首先，我们从第一个镜头：牌坊开始，如图 7-9 所示。对于牌坊素材的制作在这里不一一介绍，具体可以看教学视频。将制作好的牌坊素材存成带通道的 PSD 格式，并导入 AE 新建合成中。（提示：在导入的时候可以选择建立合成文件，这样在导入到 AE 时，它就自动建好了牌坊的新合成）。

图 7-9　第一个镜头：牌坊

STEP08

新建 Composition（合成），设置 Width（宽度）为 720px，Height（高度）为 576px，Frame Rate（帧速率）为 25，Resolution（分辨率）为 Full，Duration 为 0:00:33:00（持续时间 33 秒），背景为黑色，命名为"片头"，并将牌坊合成导入片头合成中，将其 3D 模式开启，如图 7-10 所示。

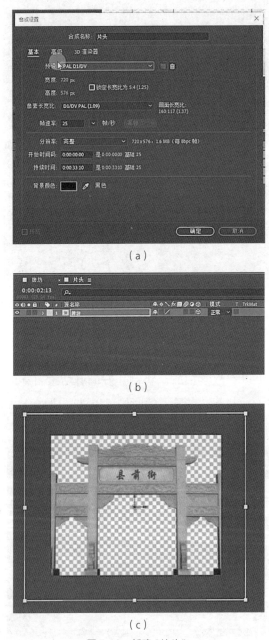

（a）

（b）

（c）

图 7-10 新建"片头"

STEP09

新建摄像机"Camera 2"，默认其设置。在视图这里将其变成四视图，方便调节摄像机和观察画面整体效果。当我们移动摄像机的时候，就能看到牌坊是随之一起移动的，如图 7-11 所示。

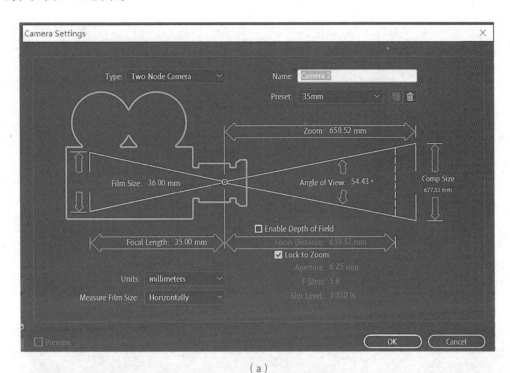

（a）

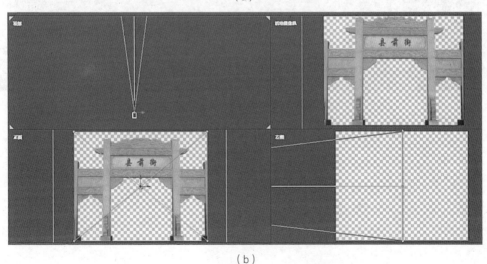

（b）

图 7-11　新建摄像机"Camera 2"

　　这里有一个小技巧：在新建摄像机层后，可以再新建一个空对象层，并开启它的
3D 开关，如图 7-12 所示。这样不至于在移动摄像机动画参数时出错。然后，我们将
这个空对象层移动到摄像机大概所在的位置，并将摄像机以父子关系绑定到空对象层
上。之后，就只要对空对象层进行位移动画设置，摄像机就会跟着移动。

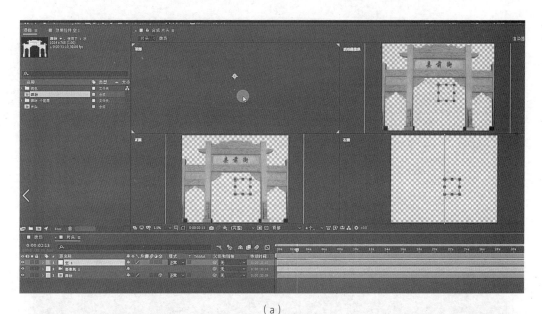

（a）

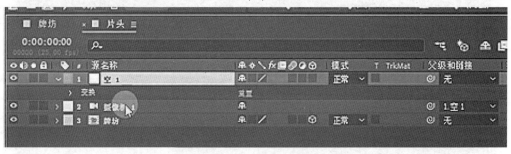

（b）

图 7-12　新建空对象层

STEP10

开始调整摄像机动画。调整前先在时间线 6s 的位置上，设置一个关键帧。然后在 1s12f（1 秒 12 帧）的位置，调节摄像机（空对象）位置，将摄像机对准牌坊上的字，然后可以预演，这时可以发现摄像机会进行由近到远的变化。通过调节关键帧的距离，可以调节动画移动的快慢，如图 7-13 所示。

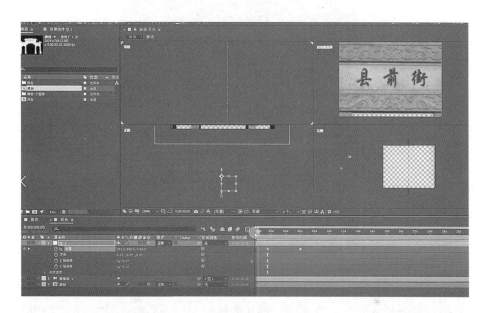

（a）

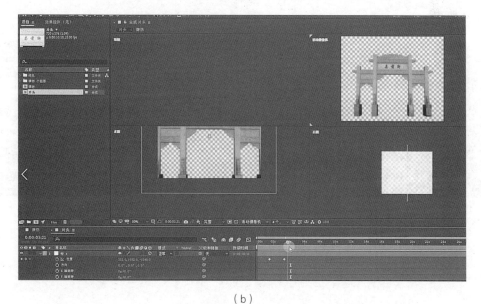

（b）

图 7-13　设置关键帧并调节摄像机（空对象）位置

STEP11

将所有抠完像的素材导入到 AE 中，并将它们一起拖入新文件夹中，命名为"抠像素材"，如图 7-14 所示。每导进一批素材就建立一个文件夹并按相关名字命名，这样方便管理素材。

图 7-14 新建素材文件夹

STEP12

将游玩素材导入到片头合成中，将其缩放至 35%，并将它的 3D 开关打开，如图 7-15 所示。

图 7-15 导入游玩素材

STEP13

将游玩素材往前移，移到一个合适的位置，人往前，而摄像机往后退一点，这样能让人物跟背景有个距离感，并将游玩素材中的人物缩放至 25%，如图 7-16 所示。

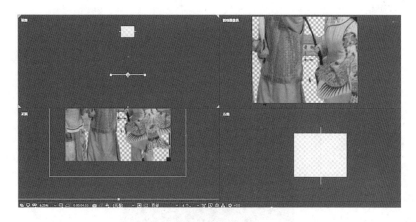

图 7-16 素材移动

调节后的参数如图 7-17 所示。

图 7-17 调整参数

这个画面的整体效果就是摄像机从人物的头顶经过，就感觉人物是正好在牌坊前吵架，如图 7-18 所示。

图 7-18 画面效果

STEP14

牌坊前动画制作完成后，我们需要丰富一下背景，也就是我们的整体画面还不够
饱满，需要让它丰富起来。选择宣纸背景，将其导入到 AE 中，并将其缩小至58%，
如图 7-19 所示。

（a）

（b）

（c）

图 7-19　丰富背景设置

STEP15

调整牌坊宽度，右击鼠标打开牌坊合成设置，将其 Width（宽度）设置为 3000，这样就可以在整个以牌坊为中心的背景下做一层民房，丰富背景场景，如图 7-20 所示。

图 7-20　调整牌坊宽度

STEP16

导入民房素材（建筑街景－横.psd），将街景置入牌坊合成中，缩放至 65%，放置于牌坊后一层，将其放在牌坊的右侧，并用钢笔工具做一层 Mask（蒙版）将挡住牌坊的那一层抠掉，如图 7-21 所示。并复制一层放在牌坊的左侧，如法炮制。

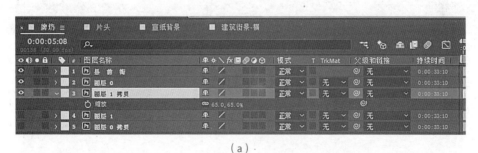

（a）

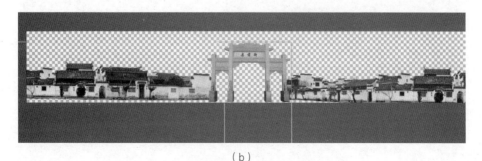

（b）

图 7-21　街景设置 1

263

STEP17

导入另一个民房素材（建筑街景.psd）使其有纵深感，将左右两层复制到片头合成中，如图 7-22 所示。

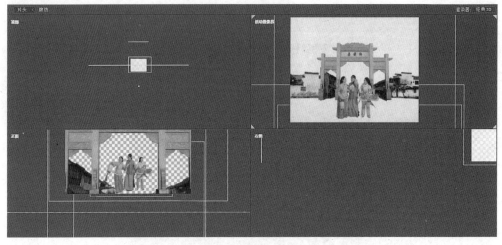

（a）

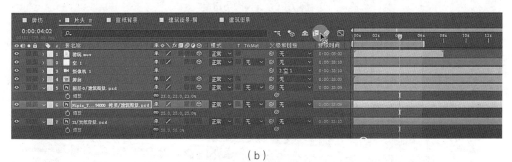

（b）

图 7-22 街景设置 2

STEP18

然后，调整摄像机动画，再设置一个关键帧让其往后延伸，如图 7-23 所示。

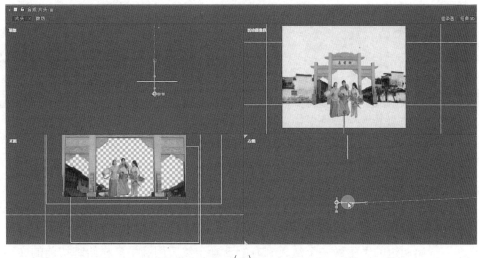

（a）

（b）

图 7-23　调整摄像机动画并设置关键帧

STEP19

制作水墨出场动画。导入滴墨素材，这是一个墨滴下后直接晕开的效果，将其导入牌坊合成中，一样建立亮度遮罩，并对这个素材进行调整，使牌坊在墨的晕开中，实现从无到有的效果，如图 7-24 所示。

（a）

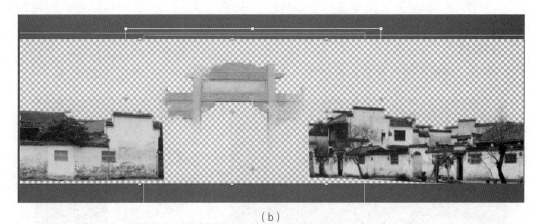

（b）

图 7-24　水墨出场动画设置1

STEP20

　　导入水墨3素材，将这个水墨喷出晕开的出场效果跟牌坊两边的民房结合。直接将其导入牌坊合成，建立亮度遮罩（选择时间线中的轨道遮罩），并对这个素材进行调整，一样给两边的民房做一个从无到有的动画。然后用滴墨素材给牌坊前的文字也做一下晕开的效果，如图 7-25 所示。

（a）

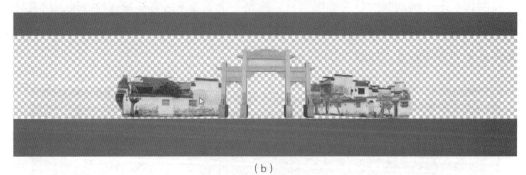

（b）

图 7-25　水墨画出场动画设置2

STEP21

导入 1_00273.jpg 素材，让它作为地面，放到牌坊下。导入 AE 中将其抠像并单独建立合成，置于片头合成中，如图 7-26 所示。

（a）

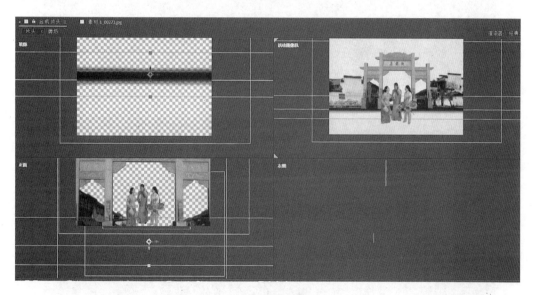

（b）

图 7-26 地面设置

STEP22

再复制一层 1_00273 合成，把它放到人物层下面，将其宽度调节得窄一点，作为人物阴影，如图 7-27 所示。

（a）

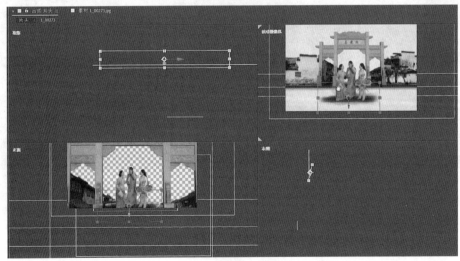

（b）

图 7-27　人物阴影设置

STEP23

丰富街面场景，导入素材扇子铺.png，将其置入片头合成中，并进行相关调整，如图 7-28 所示。

（a）

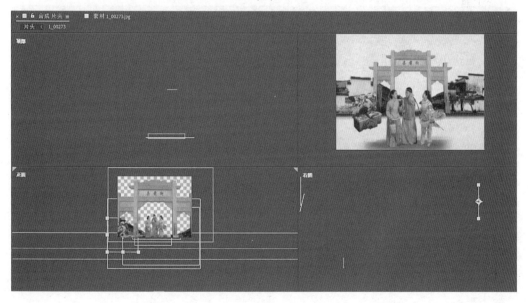

（b）

图 7-28 导入扇子铺

STEP24

给扇子铺也做个地面，复制原先的水墨地面层，同样置于扇子铺这一层下面，并进行相关调整，如图 7-29 所示。

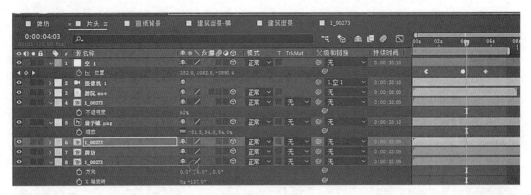

（a）

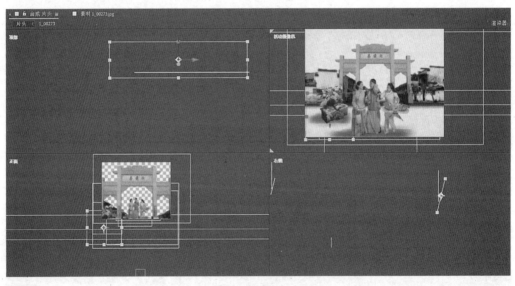

（b）

图 7-29　扇子铺地面设置

STEP25

　　丰富街面场景，导入素材亭子.png，将其置入片头合成中，并进行相关调整，如图 7-30 所示。

（a）

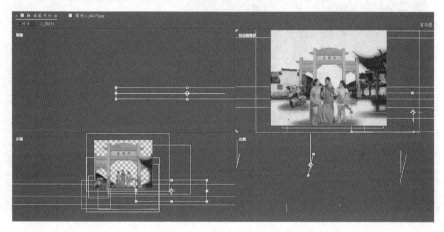

（b）

图 7-30　导入亭子

STEP26

制作第二个镜头。将喂茶.mov 导入片头合成中，先暂时将其放在凉亭边上，然后调整摄像机动画，让它往亭子边延伸，再把喂茶场景移动到其中，进行相关调整，如图 7-31 所示。

（a）

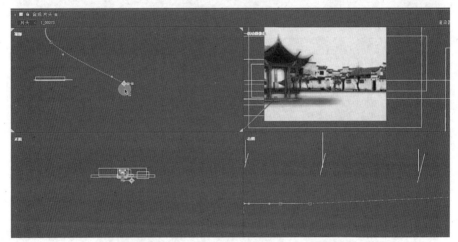

（b）

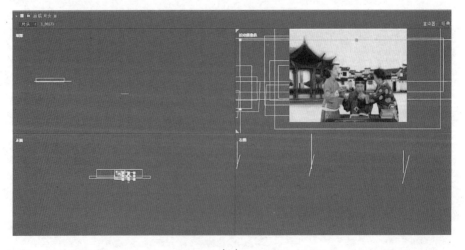

（c）

图 7-31　导入喂茶素材

复制原先的水墨地面层，置于人物层下面，并进行调整，如图 7-32 所示。

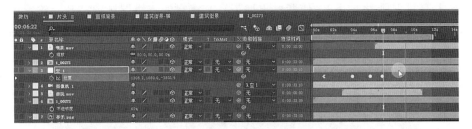

（a）

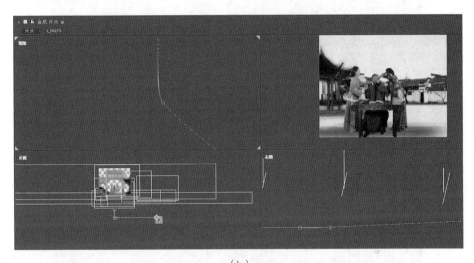

（b）

图 7-32 设置水墨画地面层

STEP27

导入素材古典家具.psd，使背景更加丰富。将它的三维层开关打开，放置于人物素材右侧后面，并进行相关调整。然后再给它加一个水墨地面，同样复制前面的素材层，进行调整，如图 7-33 所示。

（a）

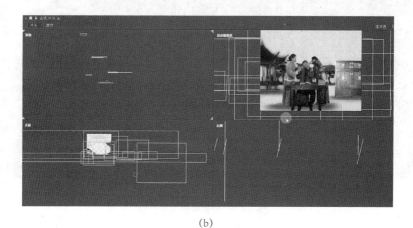

（b）

图 7-33　导入古典家具素材

STEP28

制作第三个镜头。导入素材 T004. mov，将其建立合成。使用 Keylight 将素材抠出
并调整桌子上的颜色，如图 7–34 所示。

图 7–34 导入素材 T004. mov 并调整

切换成 Alpha 通道，调整抠像素材，如图 7–35 所示。

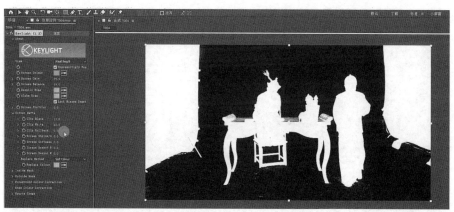

（a）

（b）

图 7-35　调整抠像素材

STEP29

移动摄像机运镜至此位置，导入栅栏 2.png 素材并调整位置，如图 7-36 所示。

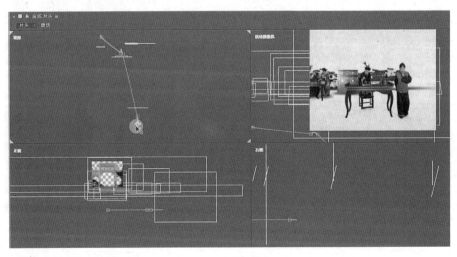

（a）

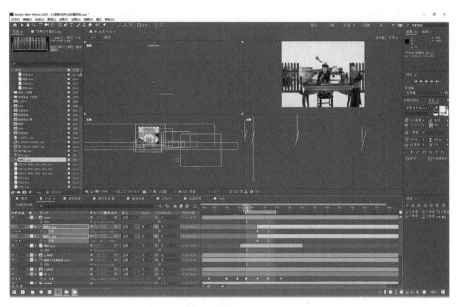

（b）

图 7-36　导入栅栏素材

STEP30

给后面的每一帧人物画遮罩，使后面的人物随着遮罩慢慢消失，如图 7-37 所示。

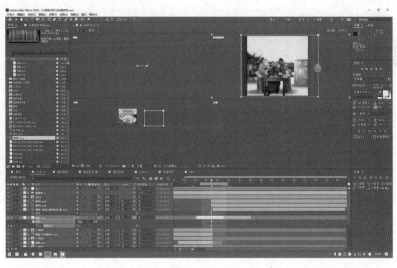

（a）

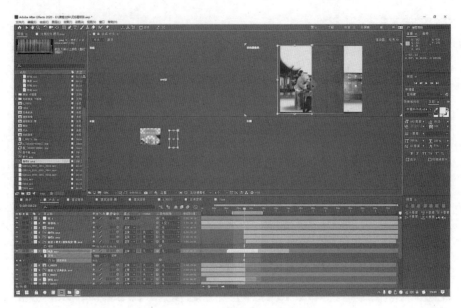

（b）

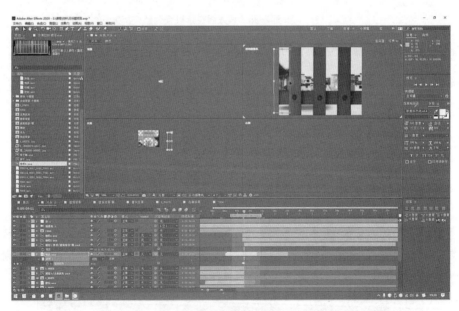

（c）

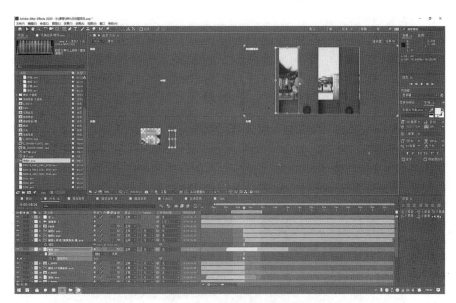

(d)

图 7-37　给人物画遮罩

STEP31

对后面的背景素材（人物、牌坊、亭子、栅栏）进行相同步骤的操作，让这些背景素材随着遮罩慢慢消失，如图 7-38 所示。

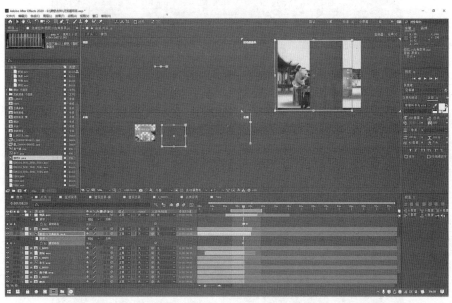

（a）

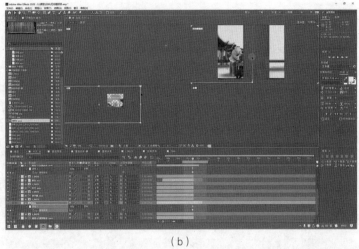

（b）

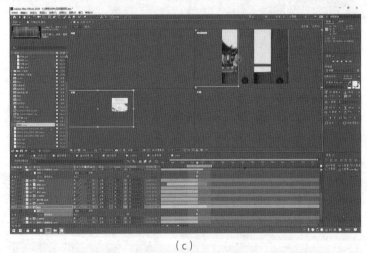

（c）

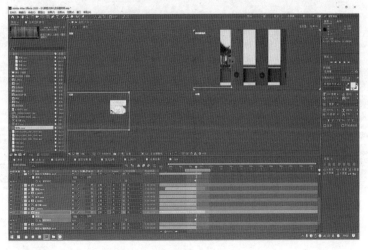

（d）

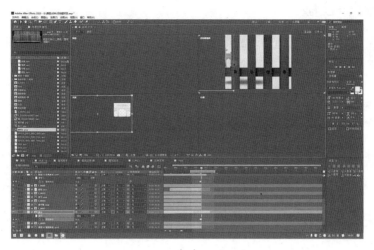

（e）

图 7-38　对背景素材进行遮罩设置

STEP32

调整摄像机使其取消反移位，如图 7-39 所示。

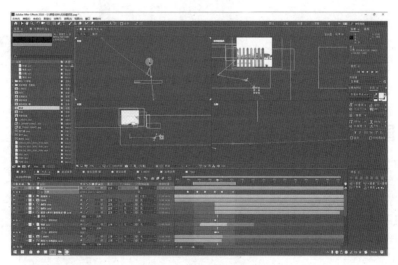

图 7-39　调整摄像机取消反移位

STEP33

最后制作远山水墨背景，原理跟之前的一样。

浙江大学出版社
ZHEJIANG UNIVERSITY PRESS

互联网+教育+出版

教育信息化趋势下，课堂教学的创新催生教材的创新，互联网+教育的融合创新，教材呈现全新的表现形式——教材即课堂。

立方书

 轻松备课　 分享资源　 发送通知　 作业评测　 互动讨论

"一本书"带来"一个课堂"　教学改革从"扫一扫"开始

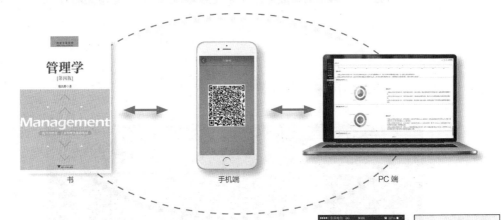

书　　　　手机端　　　　PC端

打造中国大学课堂新模式

【创新的教学体验】

开课教师可免费申请"立方书"开课，利用本书配套的资源及自己上传的资源进行教学。

【方便的班级管理】

教师可以轻松创建、管理自己的课堂，后台控制简便，可视化操作，一体化管理。

【完善的教学功能】

课程模块、资源内容随心排列，备课、开课，管理学生、发送通知、分享资源、布置和批改作业、组织讨论答疑、开展教学互动。

扫一扫　下载APP

教师开课流程

➡ 在APP内扫描封面二维码，申请资源

➡ 开通教师权限，登录网站

➡ 创建课堂，生成课堂二维码

➡ 学生扫码加入课堂，轻松上课

网站地址：www.lifangshu.com
技术支持：lifangshu2015@126.com；电话：0571-88273329